과학으로 본 사회 제도의 이해

과학사회학 입문

전파과학사는 독자 여러분의 책에 관한 아이디어와 원고 투고를 기다리고 있습니다. 디아스포라는 전파과학사의
임프린트로 종교(기독교), 경제ㆍ경영서, 일반 문학 등 다양한 장르의 국내 저자와 해외 번역서를 준비하고 있습니다.
출간을 고민하고 계신 분들은 이메일 chonpa2@hanmail.net로 간단한 개요와 취지, 연락처 등을 적어 보내주세요.

과학으로 본 사회 제도의 이해
과학사회학 입문

–
초판 1쇄 1997년 2월 25일
개정 1쇄 2023년 05월 30일

–
편 저 자 오진곤
발 행 인 손영일
디 자 인 장윤진

–
펴낸 곳 전파과학사
출판등록 1956. 7. 23 제 10-89호
주   소 서울시 서대문구 증가로18, 204호
전   화 02-333-8877(8855)
팩   스 02-334-8092
이 메 일 chonpa2@hanmail.net
공식 블로그 http://blog.naver.com/siencia

ISBN 978-89-7044-601-1(03400)

과학으로 본 사회 제도의 이해

과학사회학 입문

오진곤 편저

전파과학사

머리말

　17세기 과학혁명이 고대·중세적 자연관으로부터 근대적 자연관으로
변혁을 몰고 와 과학사상 최대의 분수령을 이루었다는 사실에는 모두 의
견을 함께 하고 있다. 17, 18세기의 과학은 자연철학으로서의 색채를 강
하게 띠고 있었고, 그 주인공은 대개가 과학을 취미 삼아 연구하는 사람
들, 다시 말해서 과학의 연구를 직업으로 삼지 않는 사람들이었다. 게다가
과학의 성과가 기술에 응용되어 커다란 사회적 충격을 미치는 일도 없었
다. 과학이 자연철학과 헤어지고 고도의 훈련을 요하는 전문적 행위가 된
것은 19세기의 일이었다. 19세기를 통해 유럽과 미국에서 과학 지식의 획
득과 그 응용이 근대국가에서 필수적인 과제라는 인식이 강하게 퍼졌다.

　더욱이 산업혁명이 진행되면서 과학의 유용성에 대한 사회의 인식이
확산된 결과, 19세기 후반부터 서유럽에 대학 제도가 급속히 자리 잡고 과
학자의 역할이 형성되면서, 과학이 하나의 전문 직업으로 확립되고 과학자
의 자율적인 직업 집단이 형성됨으로써 드디어 과학이 제도화되었다. 생각
하는 활동 자체는 생리적으로 과학자 각자의 두뇌 속에서 성취되지만, 연

구 활동은 반드시 어떤 집단 내의 정보 교환에 의해서 진행되므로 이 집단 없이 과학의 발전이 이룩될 수 없다. 이 때문에 학문 연구가 시작된 이래, 과학자는 이러한 집단을 의식적 혹은 무의식적으로 만들어 냈다.

이처럼 연구 활동은 집단 속에서 항상 일어나므로 과학을 사회 제도적 측면에서 인식할 필요가 생겼다. 과학자 집단 속에는 과학자의 행동을 규제하는 독자적인 규범, 과학자에 대한 동기 부여와 제재, 연구상의 상호 정보 교환, 과학의 성과물을 평가하는 제도가 존재함으로써 과학은 실질적인 발전을 이룩해 왔다. 그러므로 과학자 사회의 시스템을 검토하지 않으면 안 된다. 이것이 '과학사회학'이라고 부르는 학문으로, 과학을 사회학의 입장에서 보는 독자적인 접근 방법이다. 바꾸어 말하면 과학자 집단의 구조와 기능을 명확히 하는 것이 과학사회학의 중요한 연구 과제라고 할 수 있다.

이 책은 이미 출간된 졸저 『과학과 사회』(전파과학사, 1993년)의 '제Ⅱ부 과학의 제도화' 편과 존 자이먼(J. Ziman)의 『The Force of Knowledge』(『과학사회학』, 오진곤 역, 정음사, 1983)를 바탕으로 엮은 것이다.

필자는 이 책을 세 부분으로 나누어 구성했다. 첫 번째 편은 과학사회학이 어떤 분야를 연구하는 학문인가를 규정한 부분으로 과학사회학의 의미, 연구의 필요성, 연구 영역, 형성 과정의 역사, 연구의 계보, 연구 현황 등을 간략하게 기술했다. 그리고 과학사회학의 형성에 크게 영향을 미친 머튼과 쿤의 과학사회학 이론을 기술했다.

두 번째 편은 과학의 제도화를 다룬 부분으로 이러한 현상이 출현했던 역사적 배경, 특히 과학 공동체의 형성 과정과 교육 제도의 개혁 과정 등 과학의 제도화 정착 과정을 역사적 측면에서 기술했다.

세 번째 편은 현대과학을 사회학적 측면에서 분석한 부분으로 거대과학, 전시과학 동원 체제, 미국의 과학 기술, 파시즘의 과학, 기초 연구의 위기, 전문적 과학 비판, 유전공학 연구의 한계, 노벨상 등 현대과학의 특색과 그 문제점을 다루었다.

이상과 같은 문제를 분석함으로써 과학사회학을 향한 접근을 시도해 보았다. 그러나 과학사회학의 연구 영역과 그 대상이 매우 다양하고 넓은 데다가, 과학사회학 연구자에 따라서 조금씩 다르므로, 이 책에서 취급한 과제는 다만 과학사회학 연구의 '예제'에 불과하다는 사실을 분명히 밝혀 둔다.

과학을 사회학의 입장에서 분석하려는 과학사회학 연구는 그리 오래되지 않았으므로 우리의 경우 이에 관한 연구는 매우 부진한 형편이다. 하지만 외국의 과학사회학 연구는 상당한 수준까지 진전되어 있다. 그 예로서 미국의 경우 1960년대 후반부터 1970년대 초기에 걸쳐서 과학사회학이 하나의 전문 분야로 인식되기 시작했고, 이에 관한 연구가 확산되어 지금은 정착 단계에 이르고 있으며, 여러 대학을 중심으로 교육과 연구가 활발하게 진행되고 있다.

이러한 과학사회학 연구의 흐름을 타고 이 책을 내놓았다. 하지만 꼭 짚고 넘어가야 할 것이 있다. 필자는 과학사회학을 전공한 사람이 아니다. 다만 과학의 제도사 및 사회사적 측면을 강조하는 외적 과학사(外的 科

學史)에 오랫동안 관심을 쏟아온 탓에 과학의 사회학적 연구에 동참했을 따름이다.

이번 출판에 입력과 출력을 맡아준 과학학과 이기오 군과 도움말을 아끼지 않은 주변 여러분, 그리고 출판의 기회를 준 손영일 사장 및 편집부 여러분에게 진심으로 감사한다.

편저자 오진곤

목차

제2부 19세기 과학의 제도화

1. 과학 공동체의 형성과 전개

2. 프랑스혁명과 과학의 전문 직업화 및 교육 개혁

3. 독일 대학의 역할과 특징

4. 영국 왕립화학학교의 설립

5. 미국 대학의 개혁

6. 산업사회의 출현과 새로운 연구 체제

7. 과학을 둘러싼 이데올로기의 형성

제1부

과학의 사회학적 연구

1. 과학사회학의 의미

과학의 사회학적 연구

20세기에 들어서서 과학과 사회는 더욱 밀접한 관계를 지니며 상호 영향을 주고받기 시작했다. 즉 전쟁, 환경오염, 합성물질, 에너지, 유전공학, 의료 기술, 전자공학 등 여러 분야에서 그러한 현상이 두드러지게 나타나고 있다. 요컨대 과학의 발달은 인간의 생활을 풍요롭고 편리하게 해 주는 긍정적이고 밝은 면이 있는 반면에, 부정적이고 어두운 면도 있으므로 자칫 잘못하여 인간의 생존 자체를 위협할 지경에 이르게 될지도 모른다.

이처럼 과학은 광범위하고 막강한 힘으로 사회에 영향을 미치고 있으므로 과학을 사회학적으로 이해하는 것은 현대사회를 이해하기 위한 가장 빠른 길이다. 그것은 과학이 사회 안에서 고립된 존재가 아니라 역사의 흐름 속에 편승하여 자신의 진로를 바꾸고, 그 사회의 경제적, 정치적 상황의 제재를 받아가면서 발전하고 있기 때문이다. 이렇게 과학과 밀접한 관계를 지닌 현대사회를 이해하기 위한 과학의 사회학적 연구(Social Studies of Science)를 과학사회학(Sociology of Science)이라고 부른다.

과학이라는 사실과 현상은 과학상의 이론이나 개념이라는 의미의 '과학 지식', 과학 지식을 창출하는 '과학자 집단', 그리고 과학 지식과 과학자 집단의 존립 기반으로서 '문화·사회'라는 3층 구조로 되어 있다. 그러 므로 과학자 집단의 구조나 기능의 분석을 통하여 과학 지식의 생성 및 변혁의 구조나 과정을 문화·사회와 관련해서 파악하려는 시도는 당연할 지도 모른다. 이것이 곧 과학사회학이다.

과학사회학은 지식사회학과 과학사의 교류와 교배로부터 형성되었 다. 러시아(구소련)의 과학사가 헤센(B. Hessen)의 논문 「뉴턴의 『프린키피아』 의 사회·경제적 기원」(The Social and Economic Roots of Newton's 『Principia』, 1931) 과 미국의 사회학자 머튼(R. K. Merton)의 논문 「17세기 영국의 과학, 기술 과 사회」(Science, Technology, Society in Seventeenth Century England, 1938)는 과 학사회학의 선구적 연구라 할 수 있다. 또 그 후 독일의 과학사가 지슬(E. Ziesel)의 일련의 과학사 연구, 영국의 과학사가 버널(J. D. Bernal)의 『과학 의 사회적 기능』(Social Function of Science, 1939)이나 『역사에 있어서 과학』 (Science in History, 1954)이라는 연구도 넓은 의미에서 과학의 사회학적 연 구라 할 수 있다.

그런데 1950년대에 들어서 과학사 연구자 사이에 과학 이론의 내적 접근(internal approach)이 주류를 이룸으로써 과학사회학 연구가 퇴보했다. 겨우 머튼과 그 일파에 의한 과학자 집단의 규범적 분석이나, 미국의 과 학사회학자인 프라이스(D. Price)에 의한 수량적 분석 정도가 주목을 끌어 온 데 불과했다. 그러나 1960년대부터 상황이 변하기 시작했다. 그 배경 은 '스푸트니크 충격' 때문에 과학 기술의 붐이 일어남으로써 과학의 사 회적 배경에 관해 관심이 높아진 데에도 있었지만, 보다 직접적인 배경이 된 것은 미국의 과학사가 쿤(T. Kuhn)의 『과학혁명의 구조』(The Structure of Scientific Revolution, 1962, 1970)의 발행이었다. 이 책에서 쿤은 '패러다임'(Paradigm) 개념을 중심으로 과학적 연구를 '정상과학'의 시기와 '과학혁명'의 시기로 나누고, 과학 지식과 과학 이론의 변혁의 과정을 설득력 있게 묘사했다. 그리고 쿤은 이 과정에서 사회적, 제도적 기반으로서 과학자 집단의 역할을 지적했다. 또한 과학 지식을 분석 대상의 밖에 놓고 단지 과학자 집단의 구조와 기능에 대한 분석에 전념했던 머튼학파의 방법론상의 한계를 공격함으로써 과학사회학적인 문제에 대한 관심과 이에 대한 연구 활동을 크게 고무시켰다.

사회학적 현대과학론

과학사회학은 아직까지도 그 윤곽이 뚜렷하게 잡혀 있지 않은 발전도상의 학문이므로 과학사회학에 대한 정의를 명확하게 내릴 수는 없다. 따라서 과학사회학이라는 말이 무엇을 뜻하고 있는가에 대해서는 모두 제각각이다. 그러나 과학사회학의 의미를 '넓은 뜻'과 '좁은 뜻'으로 크게 나눌 수는 있다.

우선 '넓은 뜻'의 과학사회학은 과학과 사회의 관계를 학문적으로 해명하려는 모든 작업의 총칭으로서, '과학과 사회' 관계 전반을 가리킨다. 이에 대하여 '좁은 뜻'의 과학사회학은 현대과학 내부의 여러 성격을 사회학적으로 해명하려는 모든 작업을 가리킨다. 즉 '사회학적인 현대과학론'

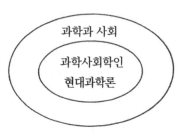

과학사회학 연구의 중심과 주변

전반을 가리킨다. 양자 모두 어느 정도 타당한 견해로서 양자는 결코 배타적이 아니다. 양자를 적절하게 조합할 수 있다면 과학사회학의 중심에 위치하고 있는 것은 사회학적인 현대과학론이고, 주변에 위치하고 있는 것은 과학과 사회의 모든 관계 전반이라 생각할 수 있다. 따라서 전문 분야로서 과학사회학의 독자성은 '중심' 부문에서 현저하게 나타난다.

과학사회학에서는 과학과 사회의 상호 관계를 전제로 하고 있다. 이 상호 관계는 한편으로는 과학으로부터 사회에 대한 영향, 다른 한편으로는 사회로부터 과학에 대한 영향 등으로 나누어 생각할 수 있다. 과학이 기술, 산업, 군사, 교육 등에 대해서 여러 가지 영향을 미친다는 것은 말할 나위도 없다. 이러한 과학의 사회적 기능이나 사회적 영향의 연구가 넓은 뜻의 과학사회학으로서 전자에 속한다. 이에 반해서 사회, 종교, 정치, 전쟁, 대학 제도 등이 과학의 발달이나 방향을 크게 규정하고 있는 것도 사실이다. 이러한 과학에 대한 사회적 규정의 연구가 좁은 뜻의 과학사회학으로서 후자에 속한다.

과학사회학의 필요성

과학을 사회학의 입장에서 연구하는 데 가장 먼저 고려해야 할 점은 연구의 필요성이다. 어째서 과학을 사회학적으로 연구하지 않으면 안 되는가. 이 물음에 대해서 몇 가지 해답이 있다.

첫째, 과학은 인류의 역사만큼 오래되었고 인간 사회와 깊은 관련을 맺어 왔다. 그러므로 사회를 이해하기 위해서는 과학과 사회의 관련성을 살펴보지 않으면 안 된다. 이를 위한 접근의 하나로서 과학사회학이 있다. 이것은 매우 일반적인 설명이다.

둘째, 특히 현대사회와 과학은 더욱 상호 관련성을 지니면서 발전하고 있으므로, 현대사회를 이해하기 위해서 과학과 현대사회의 관계를 파악하지 않으면 안 된다. 그 이유는 현대사회는 과거 어느 시대, 어떤 사회에서도 볼 수 없었던 정도로 넓은 범위에 걸쳐 과학의 영향을 강하게 받고 있기 때문이다. 첫 번째 설명이 과학과 사회의 일반적인 상호 관련성에 주목한 데 반해서, 두 번째 설명은 과학이 하나의 사회 제도로서 성립한 시기 이후의 과학과 현대사회의 관련성에 주목하고 있다.

셋째, 이처럼 과학과 현대사회가 상호 관련성을 지니고 있으므로 과학이 특정한 사회나 문화 속에서 어떻게 발생하고 어떤 형태를 취하는지, 또 과학이 사회, 문화 속에서 어떻게 유지되는가에 관한 문제를 해결한다. 이러한 문제를 연구하는 학문으로서 문화사회학, 지식사회학이 있고, 이런 종류의 연구의 한 영역으로서 과학사회학이 있다.

넷째, 과학론, 과학철학적인 문제 제기에 대한 대응이다. 모두 알고 있는 사실이지만 과학은 현대 생활에서 중요한 의미를 지니고 있다. 그런데 지금까지 과학론에서 과학이란 오로지 진리의 탐구로만 생각해 왔고 현실의 생활과 동떨어져 있는 것으로 여겼다. 또한 과학은 스스로의 세계를 형성하고 그 세계의 내부에서 그의 기초가 구축된다는 생각이 지배적이었다. 하지만 과학은 현실 세계와 밀접한 관계가 있으므로 이러한 관련성의 바탕 위에서 과학을 이해해야 한다는 생각이 나타났다. 또 과학은 이에 따라서 과학철학이나 과학론에서 논리실증주의, 비판적 합리주의와 같은 입장에서 논의되어 왔다. 그러나 이러한 문제를 추상적 차원에서가 아니라 보다 현실적인 사회학적 차원으로 끌어들여 분석하는 작업이 필요하다.

다섯째, 과학사로부터의 문제 제기에 대한 대응이다. 이것은 과학의 역사적, 사회적 구속력을 지적한 지식사회학의 문제와 관련된다. 이 문제에 관한 접근의 하나로서 마르크스주의자의 연구가 있다. 그들은 과학을 사회적 산물로 규정함으로써 과학이라는 상부 구조를 하부 구조로부터 파악하려고 했다. 1930년대에 버널, 니덤(J. Needham) 등 영국의 과학사가들의 연구가 대표적이다. 그러나 마르크스주의적 접근은 생산 양식과 과학의 직접적 대응에만 주목하고 생산력 이외의 사회적 요인을 등한시하는 경향이 있다. 그러므로 과학과 기술과 사회의 복잡한 메커니즘을 충분히 분석했다고 볼 수 없다.

이 같은 마르크스주의자의 과학사 연구에 대해서 머튼은 논문 「17세기 영국의 과학, 기술과 사회」에서 당시 과학, 기술의 발달과 사회적 요인, 문화적 가치 사이에 적절한 관련성이 있다는 사실을 지적함으로써, 과학사회학 연구에 새로운 실마리를 열어 놓았다. 머튼은 과학의 존재 구속성을 생산 양식에서만 본 것이 아니고, 과학과 사회의 관계를 과학자의 연구 동기, 과학의 담당자와 그가 속한 집단 사회의 가치 의식, 사회의 산업적·군사적 요구라는 측면에서도 다루었다. 당시까지 사회학이 과학 지식의 형태를 추상적으로 파악하고 지식 일반과 사회의 상호 관계를 연구해 온 데 반해서, 머튼은 지식의 영역을 구체적으로 과학, 특히 자연과학으로 한정하고 그것을 사회적·경제적·산업적 여러 상황 속에서 파악함으로써 당시까지 과학철학이나 과학사의 연구와는 다른 독자적인 사회학적 접근법을 제시했다.

그 후 머튼은 과학자의 행동 분석을 시작으로 과학의 규범 구조, 보수 시스템, 업적 평가 등 과학 공동체 내부의 연구 영역을 개척했고, 다른 한편으로는 행위론적 접근에 대하여 비판함으로써 과학사회학의 대상과 방법, 그리고 연구 영역을 넓혀 놓았다.

여섯째, 과학과 사회의 괴리 현상에 대한 대응이다. 우리는 보통 과학을 생각할 때, 과학에 대한 상반된 두 가지 이미지를 지니고 있다.

한 가지는 과학이란 우리의 일상생활과 직접 관련이 없고 너무 어려워 아마추어와 무관하다고 생각하는 측면이고, 다른 한 가지는 과학이란 우리의 생활과 깊은 관련이 있고, 과학의 진보가 우리의 자연관, 가치관에 강한 영향을 주고 있다는 측면이다.

그런데 이 두 측면은 과학에 무관심한 사람과 과학에 관심(호의적이든 적

^{대적이든)}이 있고 과학과 사회의 관련성에 주목하는 일단의 사람들이 존재한다는 사실을 보여주고 있다. 과학에 대한 관심의 유무는 특히 과학 교육의 모습을 위시해서 과학자의 대중에 대한 계몽 운동, 첨단 분야의 확대에 의한 전문 분화, 전문 집단의 폐쇄성 등 많은 원인에 의존하고 있다. 특히 과학과 일반 대중의 괴리 현상은 과학에 대한 대중의 거부 반응과 경계심을 강화하고, 동시에 현대과학에 대한 의심을 점차 두텁게 하고 있다. 그러므로 이러한 문제를 해결하기 위하여 과학자를 둘러싼 집단과 조직의 구조를 위시하여 정보의 전달에 관한 연구가 필요한데, 이러한 문제를 해결할 지름길이 곧 과학사회학이다.

마지막으로 과학자 집단 내에서 과학 연구의 허점을 줄이고 연구의 효율적 발전을 고무하는 문제, 또 연구 개발이나 과학의 거대화에 따라서 발생하는 현실적 문제가 있다. 이러한 문제들은 현실적 문제를 해결하는 수단으로서의 연구나, 과학이 가져오는 역기능을 점검하고 과학의 모습을 비판하는 연구와 연관된다. 이러한 문제를 해결하기 위한 접근으로 과학사회학이 있다.

이상 과학사회학의 연구가 왜 필요한가에 관해서 일곱 가지를 지적했다. 첫째부터 셋째까지는 사회를 파악하기 위해서 과학의 이해가 필요하다는 사회학적 입장으로부터의 필요성이다. 넷째와 다섯째는 과학론을 둘러싼 문제로부터 연유한 사회학적 연구의 필요성이다. 즉 과학론적 문제와 과학사적 문제에 대한 사회학적 연구의 필요성이다.

여섯째와 일곱째는 사회학 연구가 단지 그 자체의 연구에 머물지 않고 과학과 사회의 관련성 자체의 모습을 묻는 학문으로서의 연구 필요성이다. 이 문제는 당연히 현대사회에서 과학의 모습과 관련되어 있다. 예를 들면 두 번째 문제는, 특히 현대사회에서 과학의 위기를 묻는 입장으로 산업이나 군사라는 과학 외적인 것과 관련되어 있지만 여기서는 과학 내부, 즉 과학자의 가치관, 과학자 집단, 과학적 방법, 지식 체계 등과 관련이 있다. 그런데 과학의 관리를 철저히 하고, 기업의 지배나 정부의 과학정책을 강화하면 할수록 과학에 대한 불신이나 반과학의 경향이 점차 커지는 현실적인 문제도 있다.

이러한 시각에서 본다면 현대사회에서 외부 사회와 과학의 조화 및 대립의 문제를 해소하기 위해서 과학 내부에서 과학자의 연구 활동, 연구 방법, 과학적 지식의 발전과 그에 따른 문제가 무엇인가를 밝혀야 한다. 또 현실 생활과 장래의 인류의 생존을 보장하기 위해서나 연구 관리와 '과학 정책'이 안고 있는 문제가 무엇인가도 밝혀야 한다. 이를 위해서 과학의 사회학적 연구, 즉 과학사회학의 연구는 필수적이라고 생각한다.

과학사회학의 연구 영역

과학을 보는 관점은 다양하지만 과학(그의 소산으로서의 지식 체계를 포함하여)을 사회학적으로 볼 때 1) 과학자의 연구 활동, 2) 그들이 형성하는 과학 공동체, 3) 제도화로서의 과학, 4) 과학의 제도화를 추진하는 정책, 계획 등으로 크게 나누어 생각할 수 있다.

이에 설명을 약간 붙이면 첫째, 과학자의 연구 목적, 동기, 사고, 추론, 라베츠(J. R. Ravetz)가 지적한 직인의 활동, 쿤이 말하는 '문제 풀이' 등 과학자의 연구 활동의 의미 등을 사회학적으로 파악하는 일이다.

둘째, 이러한 과학자의 연구 활동이 전개되는 무대, 요컨대 연구자 동료, 집단, 조직, 학회 등 과학 공동체에 관해서이다. 이들 집단에서 무엇이 문제이고 어떤 방법이 중시되며, 어떻게 데이터를 분석하고 실험하고 정보를 교환하며, 어떤 실험 설비가 이용되는가를 파악한다. 또 조직 내에서 그들의 지위와 역할, 권위 구조나 리더십, 연구비의 배분 등을 파악하는 일이다.

셋째, 이 경우 몇 가지 접근이 있다. ① 역사적 접근으로서, 예를 들면, 17세기 유럽의 과학의 제도화를 파악하기 위해서 유럽 각국의 제도화의 차이점이나 제도화를 촉진하거나 방해하는 요인을 분석하는 일, ② 과학 연구 활동과 직접 관계가 있는 연구 제도, 대학, 교육 제도, 특허 제도, 그리고 간접적으로 '관계가 있는 경제적·경영적·정치적 여러 제도와의 관련성을 분석하는 일, ③ 머튼이 주목하고 있는 과학의 연구 활동을 통제하는 제도적 규범을 분석하거나, 아니면 벤-데이비드(J. Ben-David)가 주장하는 과학 활동에 대한 제도적 접근, 요컨대 과학 활동의 수준은 어떠한 조건으로 규제되어 왔는가, 또한 각 시대, 각 국가에서 과학자의 역할과 경력, 과학 조직은 어떤 조건 하에서 형성되었는가를 파악하는 일이다.

넷째, 과학에 의한 국가적 위신의 과시, 외국과의 과학 기술 경쟁, 과학 기술의 격차 해소 등을 노리는 과학 정책은 과학과 관련되는 모든 제도의 효율적인 운용이나 제도의 개혁, 새로운 제도의 도입 등으로 진전된다. 이러한 제도에 대한 국가적인 측면에서의 과학 계획을 파악하는 일이다.

이처럼 과학자의 연구 활동, 과학자 집단, 과학의 제도화, 과학 정책에 관한 사회학적 연구는 항상 과학을 중심으로 파악된다. 그러나 과학사회학은 이것들 이외에 과학과 기술, 과학과 산업, 과학과 경제, 과학과 정책 등과, 과학과 직접·간접으로 연결되는 가치관, 종교, 언어, 도덕 등 문화와 과학의 관련성도 파악할 필요가 있다.

또 과학을 현실적으로 보면, 1) 국제 관계에 있어서 과학 정책, 국가·정부의 과학 기술 진흥책, 문화 교육 등 전체 사회의 수준, 2) 과학자 학회, 학파, 전문 영역, 연구회, 프로젝트 등 과학자가 구성하는 과학 공동체의 수준, 3) 오늘날 대다수의 과학자가 속해 있는 대학, 연구 기관, 연구소 등 연구 조직의 수준 등 세 가지로 나누어 생각할 수 있다.

첫째는, ① 과학 연구가 현실적으로는 선진국에 편중되어 있다는 사실로부터 선진국 상호 간의 국제 관계, 선진국과 중진국 및 후진국과의 국가 간 혹은 국가 집단 사이의 국제 관계, 한 국가 혹은 정부의 과학 정책에서 보여주는 것처럼 국내외 정치적 수준, ② 민족성, 국민성, 풍토 등을 비롯해서 교육 제도, 고등 교육, 이공계 교육, 두뇌 유입 등 과학을 사회적으로 취급하는 수준이다. 요컨대 정치적·정책적 수준과 생활의 공동체나 문화적 공동체로서의 사회 전체 수준 등 두 가지로 생각할 수 있다.

둘째, 과학 공동체는 공식적인 공동체와 '보이지 않는 대학'(Invisible

College)과 같은 비공식적인 공동체로 나누어진다. 전자는 일정한 제도, 조직으로서의 학회, 연구 조직·집단이고, 후자는 통신망을 중심으로 한 연구자 집단으로, 구성원은 과학 정보로 연결된다. 또 과학 공동체는 교사와 학생, 공동 연구자 등 직접적, 간접적인 집단과 출판물을 통한 간접적 접촉으로 나뉜다. 앞서 전체 사회적 수준의 문제를 고려한다면 국제적인 과학 공동체, 국가 단위, 지역 단위의 연구 조직 수준으로 나누어 생각할 수 있다.

그런데 머튼학파든 쿤학파든 과학사회학의 연구 대상은 과학 공동체에 중심을 두고 있다. 머튼학파는 과학 공동체 내의 과학자의 행위나 활동에 중점을 두고, 쿤학파는 관계되는 공동체 내에서의 활동과 활동을 규정하는 지식 체계, 인식 체계로서의 과학에 주목한다. 한편 벤-데이비드는 과학자가 형성하는 과학 공동체에 관한 연구를 관계론적 접근이라 부르고, 과학의 특정한 분야, 혹은 전 영역에서 활동하는 과학자 사이의 통신망과 사회관계에 연구를 집중하고 있다. 요컨대 과학 공동체 자체의 연구보다도 그 내부에서의 과학자의 정보 교환 및 사회관계에 관한 연구이다.

셋째, ① 과학 자체의 조직화로 과학의 연구 활동, 연구자, 연구 정보의 전문 분화의 조직화이다. 과학 연구가 개인적 연구에서 공동 연구로 되어 가고, 연구 분야의 확대와 전문화가 진행됨에 따라 이러한 연구에 있어서 조직화가 필요하다. 연구 활동의 내용은 자료 수집과 파악, 문헌 수집, 정보 검색, 가설의 설정, 실험, 검증, 분류, 분석, 정보의 전달, 자료화 등 실로 다양하다. 이러한 일의 일부는 연구 보조자, 기능자, 연구 사무의 담당자가 분담하고 있다. 또 연구 조직화의 문제는 연구자 사이에서 지도자와 하급 연구자와 관계, 연구 관리의 문제, 연구자와 연구 보조자, 기능자의 계층화를 위시한 연구 조직 내의 협동 관계와 대립 관계, 한 연구 조직과 다른 조직과의 관계 등이다. ② 조직에 있어서 과학의 문제로서 과학자의 조직화이다. 과학은 오로지 과학자의 개인적인 일이고, 라베츠가 지적한 것처럼 직인적인 일이다. 그러나 오늘날 대부분의 과학자는 조직에 얽매여 있어서 조직인으로서 연구하고 있다. 오히려 그들의 연구 활동은 조직에 의해서만 가능하다. 이처럼 조직인으로서의 과학자의 연구 활동, 사회관계, 집단, 통신을 이해하기 위해서는 과학을 조직론적으로 접근하는 것이 필요하다. 조직론은 주로 노동자나 일반 직원의 의욕이나 사기, 동기, 태도를 위시해서 인간관계, 통신, 리더십, 교육 훈련 등에 초점을 맞추고 있다. 또 과학의 조직론적 접근은 과학의 독자적인 문제점을 밝히는 것이어야 한다. 과학자는 전문가로서 일반 노동자와 다른 여러 특징을 지니고 있으므로 조직에 있어서도 그들의 위치, 직능, 연구 활동의 관리 등 특수성을 고려해야 한다.

과학사회학은 사회학으로서 고유의 연구 영역과 접근 방법이 있다. 첫째, 과학과 사회의 관계를 거시적으로 본 사회학자 셸러(M. Scheler)나 초기 머튼 등의 이론으로부터 과학 공동체의 커뮤니케이션, 집단 내의 연구자의 행동이나 역할에 관한 연구 등이 있다.

둘째, 지식 체계로서 과학을 다루는 각도에서 쿤의 패러다임론에서 보이는 것처럼, 패러다임의 변혁이라는 커다란 관점에서 다루는 경우와 패러다임을 공유하는 과학 공동체, 보이지 않는 대학의 내부 사회관계, 계층, 권력, 지배 구조와 관련하는 인식 체계에 관한 미시적 분석에 집중하는 경우가 있다.

셋째 오늘날 과학의 발달에 영향을 주는 국가 차원의 과학 정책이나 거대과학의 문제로부터 조직 내의 과학자의 활동, 가치관, 의식을 구속하는 규범, 활동성과의 평가, 활동의 인지 메커니즘 등을 다루는 연구가 있다.

또 한편으로 과학사회학은 첫째, 과학의 동태적 연구인 과학의 성장과 발달에 관한 연구이다. 물론 과학사 연구와 다르다. 그것은 과학사회학은 과학 자체의 성장·발전에 관한 연구가 아니고, 궁극적으로는 과학을 통해서 사회를 파악하려는 데 그 특징이 있기 때문이다. 하지만 과학사의 연구와 떨어질 수 없고 항상 과학사와 밀접하게 연결되어 연구되고 있다.

둘째, 과학의 정태적 연구인 과학의 양적 확대와 질적 변화에 주목하고 있다. 과학의 양적 확대로 과학자의 수, 과학 연구비의 투자량, 연구 기관의 수, 과학 기술의 정보량 등에서 양적 증가와 변화에 관한 연구가 있고, 과학 자체의 질적 변화의 현상으로 과학의 제도화, 정치화, 기술화, 산업화, 정보화, 조직화 등에서 보이는 변화에 관한 연구이다.

이처럼 과학사회학의 연구 영역은 넓은데다가 다양하므로 과학의 사회학적 연구를 곤란에 빠뜨리고 있다. 그러나 곤란하게 하는 것은 이 이외에 몇 가지 또 있다. 1) 과학 자체의 난해함, 2) 과학의 발달에 의한 과학의 거대화, 첨단 분야의 확대, 전문 분야의 세분화, 전문화, 3) 과학과 일반 대중의 괴리 등이 있다.

연구 영역의 증대

한편 오늘날 과학사회학의 내용이 점차 증대해 가고 있다. 그 이유를 세 가지 들 수 있다. 첫째, 과학의 사회적 의의이다. 현대에 들어서 과학의 사회적 중요성은 나날이 높아가고 있다. 대학, 연구소, 기업 등 연구 조직은 질이 높은 연구자를 모으고 재정적으로 후원함으로써 생산성이나 독창성이 높은 연구 성과를 생산하고 있다. 따라서 과학적 성과가 어떤 사회적 조건, 예를 들면 어떤 제도나 정책 하에서 실현되는가를 실증적으로 밝히는 것은 매우 중요하다.

둘째, 과학의 사회학적 의의이다. 오늘날 과학, 학계, 과학자는 독자적인 사회적 범주에 속해 있으므로 이를 사회학적으로 연구하는 것은 사회학 자체에 큰 의의를 부여한다. 과학은 지식의 일종으로 지식사회학의 일부를 이루고 있으므로, 동시에 지식사회학으로부터 크게 자극을 받고 있다. 또 지식의 일부인 종교, 도덕, 이데올로기, 여론 등에 관해서도 이미 오랜 연구의 역사가 있고, 전문학자들도 많았다. 그러나 과학을 전문적으로 연구하는 사회학자의 수는 지금까지 결코 많지 않았다. 그 이유는 대개 과학의 발달이나 전문 분화에 비례해서 과학을 이해할 수 있는 사회학자가 감소했기 때문이다. 그러나 과학의 규모와 발전 속도의 변화가 다른 지식에 비해서 매우 빠르고 사회와의 상호 관계가 매우 밀접하므로, 과학은 지식사회학의 혁신에 공헌하고 있다.

셋째, 과학의 자기 비판적 의의이다. 오늘날 과학의 사회적 의의가 증대함에 따라서 과학에 대한 기대와 가치도 커지고 있지만, 과학에 대한 무

조건적, 낙천적 신뢰는 감소하고 있다. 현실적으로 과학은 대량 살인 무기, 대규모 공해, 인간성 파괴라는 현상을 낳고, 과학이 산업과 여론 조작의 도구로 점차 이용됨으로써 과학자가 권력에 봉사하고 의존한다는 상황도 넓게 지적되고 또한 비판받고 있다. 이처럼 과학에 대한 불신이 높아짐에 따라서 과학 내부에서도 자기비판적 주장이 나오기 시작했다. 그러므로 과학의 자기 정화를 위해서 과학의 사회적 연구가 절실히 필요하다.

각국에서 과학사회학의 연구 영역과 연구 대상은 대체로 머튼과 쿤의 이론의 영향을 받고, 또한 이에 따르고 있다. 그리고 각국의 연구 대상은 각국이 지니고 있는 특수성과 밀접하게 관련되어 있다. 과학사회학의 머튼적 연구는 미국에서, 쿤적 연구는 주로 유럽 여러 국가, 특히 영국에서 진행되고 있다. 그 이유는 미국과 유럽의 학문적, 사회적 풍토가 다르기 때문이다. 오늘날 머튼과 쿤의 과학사회학은 과학의 사회학적 연구의 주류를 이루고 있지만, 다른 각도로부터 다양한 연구도 많이 진전되고 있다.

오늘날 첨단 과학 분야의 확대와 전문화에 의해서 과학사회학은 보다 여러 영역으로 나뉘어 연구되고 있지만 그 역사는 매우 짧다. 과학사회학이 미국에서 뿌리내린 것은 1960년대 후반에서 1970년대 초반에 이르러서였다. 그 후 과학의 사회적 분석의 중요성이 점차 인식됨에 따라서 첨단 학문으로 발돋움하고, 전문화된 여러 영역으로 나뉘어 그 연구가 활발하게 진행되고 있다. 따라서 21세기에는 과학사회학의 연구가 더욱 번성할 것으로 전망된다

2. 과학의 사회학적 연구의 발단과 계보

생시몽과 과학

17세기 서유럽에서 일어났던 과학혁명은 새로운 과학 연구 방법을 수립하고, 과학을 비약적으로 발전시켜 근대과학을 형성하는 기초를 구축했다. 그리고 당시 새로운 과학 지식의 탄생과 보급으로 사회에서 과학의 기능이 점차 두드러졌고, 사회에 대한 충격이 다양해지면서 과학과 사회는 점차 밀접한 관계를 지니기 시작했다.

이러한 현상을 가장 먼저 인식한 사람은 18세기 프랑스의 생시몽(H. Saint Simon)과 콩트(A. Comte)다. 생시몽의 생존 시대(1760~1825)는 프랑스혁명 후 사회가 혼란한 시기였다. 원래 프랑스는 농업국이고 당시 영국에 비하면 공업 분야에서 후진국이었다. 그러므로 생시몽은 농업 사회를 개혁하고 발전시키기 위해서는 영국에서 성공한 산업혁명의 성과를 배워서 산업화를 추진하는 것이 필요하다고 생각했다. 그는 당시 영국에서 과학 기술의 발명과 발견이 있었던 것은 영국의 과학자와 기술자가 자유로이 그들의 재능을 발휘한 결과로, 특히 과학 기술상의 여러 연구를 평가하고 이를 지지하는 사회적 기반이 있었기 때문이라고 생각했다. 반면에 프랑스의 과학자와 기술자는 정부에 의해서 지배되고 있으므로 그들의 재능을 충분히 발휘하지 못했다고 생시몽은 믿었다.

생시몽은 프랑스 산업이 뒤쳐진 이유를 무기력과 자주성이 결여된 탓으로 돌리고, 산업화를 방해하는 요인을 봉건 체제의 존속과 산업의 고유한 원리의 미확립으로 보았다. 또한 그는 프랑스혁명이 새로운 사회를 구축하지 못했으므로 이 혁명이 몰고 온 무질서를 회복하기 위해서는 과학이 사회에 응용되어야 하고, 과학이 유도하는 사회를 구상해야 한다고 생각했다. 따라서 새로운 사회는 과학적, 산업적 체제에 의해서 지탱되는 사회여야 하고, 이 과제를 담당하는 사람은 생시몽이 말하는 과학자와 산업가이므로 새로운 사회를 수립하는 역할을 과학자와 산업가에게 일임해야 한다고 주장하면서, 산업화를 위한 구체적인 방안을 제시했다.

이처럼 생시몽은 과학과 기술을 발달시켜 프랑스에서 산업혁명을 유발하고 새로운 사회 질서를 수립하려고 했는데, 그의 중심 이론은 실증주의였다. 그는 생리학을 특수생리학과 일반생리학으로 세분했다. 전자는 인체의 내부 조직을 연구하고, 후자는 사회 집단을 연구하는 사회생리학 혹은 인간 과학이었다. 이 사회생리학을 실증적으로 연구하기 위해서는 물리학이 채용하고 있는 실증적 연구 방법을 도입할 필요가 있다고 주장했다. 따라서 사회생리학이 실증적으로 연구되면 법률도, 도덕도, 종교도 실증과학이 되고 철학도 실증적으로 연구될 것이라고 주장했다.

이처럼 생시몽은 일체의 사회 현상을 생리적으로 증명하고 일체의 사회 제도 역시 생리적으로 규정할 수 있다고 생각했다. 특히 그는 인간 과학의 실증화를 주장하고 일반과학 혹은 철학의 실증주의화가 프랑스의 사회 재조직의 과학적 기초가 될 것이라고 주장했다. 요컨대 생시몽은 새로운 사회 원리로서의 산업주의가 과학의 실증화에 의해서 뒷받침되는 한편, 산업가가 그 담당자가 되어야 하기 때문에 과학자는 다른 사람보다 우수해야 한다고까지 평가했다. 과학자는 각 분야에서 '예견하는 인간'이라고 생각했기 때문이었다.

콩트의 사회학과 과학

생시몽과 마찬가지로 콩트는 프랑스혁명 이후 새로운 질서를 수립하기 위해서는 산업주의가 우선해야 한다고 주장했다. 그가 탄생한 해(1798)는 생시몽이 태어난 해보다 28년이나 뒤였지만, 프랑스의 경제 상태는 산업혁명으로 발전한 영국에 비하면 여전히 뒤떨어져 있었다. 특히 1806년의 대륙 봉쇄를 계기로 프랑스는 당시까지 외국, 특히 영국에 의존해 왔던 물자를 국내에서 생산할 필요를 느꼈으므로 과학과 기술에 의한 산업의 발전이 현실적인 문제로 등장했다. 이런 시기에 태어난 콩트가 사회 재조직의 구상을 산업의 중심으로 삼은 것은 너무나도 당연했다.

콩트는 제3논문에서 과학 기술의 발달과 사회의 관련성을 지적했다. 이 논문, 즉 「사회 재조직을 위해서 필요한 과학적 작업안」은 당시 프랑스가 당면한 상황, 즉 구체제가 무너졌지만 새로운 사회가 확립되지 않은 상태였으므로 이 위기를 극복하기 위한 방법을 제시했다. 그는 생시몽의 산업사회 사상을 이어받아 과학의 발달을 통해 산업의 개발을 촉진하려고 했다. 그는 이 이론적 작업 속에서 과학을 사회학의 입장에서 중요한 문제로 제기했다. 그는 문명의 발전을 지배하는 자연법칙을 생각하여 문명은 일정불변의 자연법칙에 따르고 있다는 사실을 지적했다.

콩트는 인간의 지식을 두 종류, 즉 사고에 관한 지식과 행동에 관한 지식으로 나누었다. 전자는 이론적 지식이고, 후자는 실험적 지식이다. 그는 인간 정신의 발전과 자연에 관한 인간의 연구 발전으로 문명을 보았고, 처음으로 과학과 산업을 문명의 제2요소로 생각했다.

과학사회학의 형성

과학사가 비교적 오랜 역사를 지니고 있는 데 반하여 과학사회학은 뒤늦게 발전했다. 그 한 가지 원인은 사회과학자가 자연과학의 지식과 소양을 필요로 하기 때문이다. 만일 물리학, 화학, 생물학 등의 내용에 정통하지 않았을 경우, 과학의 사회학적 연구를 하고자 하는 용기가 선뜻 나오지 않기 때문이다. 과학의 전문가가 과학사를 연구하는 것처럼, 사회학의 전문가가 과학의 사회적 연구를 하는 것이 반드시 필요하다. 사회학의 여러 연구 영역이 발전하고 있는 지금, 우리 주변에서 '과학사회학자'라는 자기 모습을 지닌 연구자를 찾아보기란 매우 힘든 실정이다. 그러므로 우리의 경우 아직 학문적 시민권이 인정되어 있지 않다(1994년에 국민대학교 야간부에 과학사회학과가 설치되기는 했지만). 그것은 우리나라의 사회학자 중에 과학사회학에 관심을 지닌 전문학자가 매우 소수이기 때문이다.

1919년 독일에서는 『직업으로서의 학문』을 저술한 베버(M. Weber)를 필두로 각국에서 과학사회학의 연구가 시작되었다. 과학사회학에 직접 영향을 미친 것은, 특히 셸러, 만하임(K. Mannheim)의 저서를 중심으로 한 '지식사회학'(Wissenssoziologie)이다. 지식사회학은 지식의 사회학적 연구로서 지식과 사회 관계를 연구하는 분야로, 광범위한 문화 소산(관념, 이데올로기, 철학, 과학, 기술 등)을 연구 대상으로 설정하고 있다. 1920대의 폴란드에서는 즈너니에키(F. Znanieki), 오소우스키(S. Ossowski)가 활약했다. 하지만 과학사회학의 아버지 격인 머튼은 1960년대에 이르기까지 자신을 과학사회학자라고 규정한 사람은 거의 없다고 말했다. 이 말은 과학사회학에 대한 직업적(전문적) 연구가 확립되어 있지 않고, 과학사회학에 전념하는 연구자 집단의 응집력이 약했다는 뜻으로 풀이된다.

머튼이 『과학과 사회 질서』(1937), 『과학의 규범 구조』(1942), 『지식사회학을 위한 패러다임』(1945), 『과학 이론과 사회 구조』(1957)를 저술함으로써 과학사회학의 연구가 본격적으로 궤도에 올랐다. 이로써 과학사회학자로서의 자기 모습을 지닌 연구자가 배출되고, 주로 머튼학파와 컬럼비아학파를 중심으로 연구 성과가 축적되었다. 현재 머튼의 제자나 그의 영향을 받은 사람들—주커먼, 콜 형제, 크레인, 하그스트름, 카프랑, 길핀, 하겐스 등—의 정력적인 연구 활동이 돋보이고 있다.

한편 지식사회학에서 출발한 독일의 플레스너(H. Plessner)는 독일에서 미국의 과학사회학에서 점유하는 머튼의 위치와 비슷한데 그의 업적은 전쟁으로 중단되었다. 독일 과학사회학을 확립하는 데 있어서 중요한 업적으로는 그의 『독일 고등 교육에 있어서 교사의 지위에 관한 연구』(1956)가 있다.

과학사회학 연구 계보

콩트의 연구는 초기의 사회학에 있어서 과학 기술의 연구가 중요한 대상으로 부상하는 실마리가 되었다. 과거 사회학 연구에서 과학에 관한 연구가 어느 정도 나타나기는 했지만, 그것이 오늘날 과학사회학과 같은 수준의 과학의 사회학적 연구인지는 대단히 의문스럽다. 또 과학사회학 연구의 대상과 방법은 항상 유동적으로 변했는데, 이 과정 속에서 과학을 직접 연구 대상으로 하지 않는 사회학 연구가 과학사회학에 영향을 미친 것도 사실이다.

현재 과학사회학 연구자가 인용하는 사회학자로 포퍼(K. Popper)를 비롯하여 셀러, 만하임, 베블런(T. Veblen) 등이 거론되지만, 이는 학자에 따라서 물론 다르다. 예를 들면 바버(B. Baber)는 과학사회학의 발전에 공헌한 학자로서 마르크스(K. Marx), 포퍼, 만하임을 들고, 특히 마르크스를 과학사회학 창시자의 한 사람으로 꼽고 있다. 또 머튼은 초기의 과학사회학 연구에 공헌한 학자로 셀러의 지식사회학 연구를 지적했다. 특히 그는 셀러의 이론이 지식에 관한 일반사회학의 차원을 넘어 과학사회학에 대해 특수한 관심을 보였다고 평가하고, 셀러의 지식사회학에서는 과학에 관한 연구가 직접 취급되지 않았지만, 과학사회학의 대상과 방법을 나타낸

점을 감안할 때, 과학사회학의 출발점이라고 지적했다.

이처럼 셸러가 지식 체계로서의 과학과 사회의 관련성을 중시하면서 사회학을 전개한 것과는 달리, 베버는 과학의 기능이나 제도적 측면을 주장했다. 그가 프로테스탄티즘의 에토스가 근대의 합리적인 실험과학의 발전과 부흥에 밀접하게 관련되어 있다고 논한 점과 학문의 외적 조건 및 내적 조건을 분석한 점을 감안할 때, 과학사회학 수립에 영향을 주었다고 말할 수 있다.

그 후 미국과 영국에서 과학에 대한 마르크스주의적 연구 경향이 유행했다. 영국의 버널, 니덤이 이에 속한다. 그러나 과학 기술의 사회 구조에 관한 연구를 본격적으로 시도한 사람은 미국의 사회학자 머튼이다. 그의 논문 「17세기 영국의 과학, 기술과 사회」(1938)는 과학사회학 연구의 지침이 되었다.

한편 머튼의 사회학에 대한 강한 비판이 미국의 과학사가 쿤에 의해서 제기되었다. 쿤은 과학사가이지만 다음과 같은 의미에서 자신의 연구가 사회학적이라 말하고 있다. 그는 지금까지 과학적 방법에 관한 논의는 건전한 지식을 만들기 위해서 따라야 할 규칙을 탐구해 왔다고 지적하고, 과학 연구가 개인에 의해서 수행되지만 과학적 지식은 본래 집단적 산물이며, 그 효력이나 발전 방법은 지식을 만들어 내는 집단의 특수한 성격과 관계하지 않고서는 이해할 수 없다고 지적했다. 이런 의미에서 자신의 연구는 분명히 사회학적이라고 강조했다.

3. 과학사회학 연구 현황

미국

1920년대에 미국의 오그번(W. F. Ogbun)은 '과학 기술에 있어서 동시적 발견'이나 '문화적 바탕', '문화 지체'에 관한 이론을 제기하고, 1930년대에 머튼은 「17세기의 영국의 과학, 기술과 사회」를 발표함으로써, 점차 과학과 기술에 대한 사회학적 관심이 높아 갔다. 그러나 1950년대까지 과학사회학이라는 명칭은 일반적이 아닌데다가, 사회학의 과학성 자체가 의문시되던 때였으므로 과학을 사회학적으로 분석하려는 연구가 자리를 잡을 수 있을지 여전히 의문이었다. 이러한 상황 때문에 과학사회학을 연구하는 사람들은 매우 한정되어 있었고 이를 전공하는 학생도 적었다. 하지만 1960년대 이후에 점차 연구자의 관심이 과학사회학에 모아짐으로써 많은 연구자가 나타났다.

그렇다면 어째서 연구자의 관심이 과학사회학에 모아졌는가. 그것을 촉발시킨 몇 가지 요인이 있다. 앞에서 이미 지적했지만 이를 다시 정리해 보면 1) 과학 기술의 발달에 의한 과학·기술과 사회의 상호 관계가 증대하고 확대된 점, 2) 과학·기술의 발전을 담당하는 과학자 집단 및 학회 수의 증가, 과학·기술자 수나 회원의 증가, 연구 대상이 분화한 점, 3) 조직에 고용된 과학·기술자가 늘어나고, 그들의 모럴, 생산성, 선취권, 연구 성과의 평가를 연구하고, 연구를 관리할 필요성이 높아진 점, 4) 과학 기술에 관한 정착과 계획이 요청되어 과학·기술을 둘러싼 국제 관계나 기술 이전 등 문제가 생김으로써 그것을 연구하려는 사회적 필요성이 나타난 점, 5) 사회학 내부의 사정으로서 사회학 자체가 성숙했다는 점 등을 들 수 있다.

이러한 이유 때문에 오늘날 과학사회학이 점차 발전하고 있는데, 연구 현황은 어떠한가. 이 현황은 여러 관점에서 파악할 수 있지만 여기서는 연구 대상이나 연구 영역을 중심으로 개략하기로 한다(물론 여기에 소개된 문헌 정보는 약간 오래된 것이기는 하지만, 과학사회학 연구의 대상과 영역을 이해하는 데는 별 지장이 없을 것으로 생각한다).

미국의 과학사회학자인 스토러(N. W. Storer)는 과학사회학에서 취급하는 영역을 다음 7개의 범주로 분류했다.

1) 사회 제도로서의 과학에 관한 연구: 이 영역의 연구자로서 바버, 하그스트롬(W. O. Hagstrom), 크론(R. G. Krohn), 쿤, 머튼, 프라이스, 셰퍼드(H. A. Shepard), 스토러가 거론된다.

   B. 바버, 『과학과 사회 질서』, 1962.

   W. O. 하그스트롬, 『과학 공동체』, 1965.

   R. G. 크론, 『과학과 사회 변화』, 1960.

   T. S. 쿤, 『과학혁명의 구조』, 1962, 1970.

   D. 프라이스, 『바빌론 이후의 과학』, 1961 『왜소과학·거대과학』, 1963

H. A. 셰퍼드, 「순수과학의 사회 시스템에 있어서 기초 연구」, 1956)

N. W. 스토러, 『과학의 사회 시스템』, 1966.

2) 구체적인 집단 구성원으로서의 과학자에 관한 연구: 이 분야의 연
구자로서는 반스(L. B. Barns), 베니스(W. G. Benis), 브라운(P. Brown), 그
레서(B. G. Glaaser), 카프랑(N. Kaplan), 마르크손(S. Marcson), 펠츠(D. C.
Pelz), 페리(S. E. Perry), 셰퍼드, 스토러가 있다.

　L. B. 번스, 『조직 시스템과 엔지니어링 그룹』, 1962.

　B. G. 그레서, 『조직의 과학자』, 1964.

　N. 카프랑, 『과학과 사회』, 1965.

　S. 마르크손, 『미국 산업에 있어서 과학자』, 1960.

　D. C. 펠츠 공저, 『연구 조직에 있어서 인간』, 1953,

　　　　　　　『조직에 있어서 과학자』, 1966.

3) 전문직으로서 과학자에 관한 연구: 콘하우서(W. Konhauser), 스트
라우스와 레인워터(W. A. L. Strauss and L. Rainwater), 바버, 벤 데이
비드, 벨로(F. Bello), 그레서, 크납과 그린바움(R. H. Knapp and J. J.
Greenbaum), 마르크손, 메르츠(L. E. Merz), 웨스트(S. S. West)가 있다.

　W. 콘하우서, 『산업에 있어서 과학자』, 1962.

　A. L. 스트라우스와 L. 레인워터, 『전문직의 과학자』, 1962.

　R. H. 크납과 J. J. 그린바움, 『미국의 젊은 과학자』, 1953.

4) 창조하는 인간으로서의 과학자에 관한 연구: 쿨리(W. W. Cooley), 에
이두손(B. T. Eiduson), 쿠비(L. S. Kubie), 크납과 굿리치(H. B. Goodrich),

로(A. Roe), 테일러(C. W. Taylor), 슈타인과 하인츠(M. I. Stein and S. J. Heinze), 콜러 (M. A. Coler)가 있다.

W. H. 쿨리, 『과학자의 직업 개발』, 1963.

B. T. 에이두손, 『과학자』, 1962.

R. H. 크납과 H. B. 굿리치, 『미국의 과학자의 기원』, 1952.

A. 로, 『과학자의 형성』, 1953.

M. I. 슈타인과 S. J. 하인츠, 『창조성과 개인』, 1960.

C. W. 테일러와 F. 바로, 『과학적 창조성』, 1963.

M. A. 콜러 편, 『과학에 있어서 창조성에 관한 에세이』, 1963.

5) 개개의 전문 분야의 과학자에 관한 연구: 스트라우스와 레인워터에 의한 화학자에 관한 연구, 메르저(L. Merzer)의 생리학자에 관한 연구, 카프랑의 의학 연구자에 관한 연구 등이 있다.

6) 국가의 의사 결정에 영향을 준 과학에 관한 연구: 듀프리(A. H. Dupree), 듀프리(J. S. Dupree)와 레이코프(S. A. Lakoff), 길핀과 라이트 (R. Gilpin and C. Wright), 람슨, 월플(D. Wolfle)의 연구가 있고, 외국의 정보와 과학의 연구로서 벤-데이비드, 디디어(S. Dedijer), 데위트(N. Dewitt) 등이 있다.

A. H. 듀프리, 『연방정부에 있어서 과학』, 1957.

J. S. 듀프리와 S. A. 레이코프, 『과학과 국가』, 1962.

R. 길핀, 『미국 과학자와 핵무기 정책』, 1962.

D. 월플, 『과학자와 국가의 의사결정』, 1964.

7) 커뮤니케이션 시스템으로서의 과학에 관한 연구: 가필드(G. Garfield), 멘첼(H. Menzel), 실링(C. W. Shilling)의 연구가 있다.

G. 가필드 공저, 『과학사 문헌의 인용 데이터의 사용』, 1964.

H. 멘첼, 『과학자 사이의 정보의 유통』, 1958.

C. W. 실링, 『생화학자의 정보 커뮤니케이션』, 1963, 1964.

이 중에서 1965년부터 1973년 사이에 과학사회학 문헌으로 가장 많이 인용된 연구자로는 머튼, 프라이스, 하그스트롬, 콜 형제, 주커먼, 쿤, 바버, 카터(A. M. Carter), 그래서, 스토러, 골든, 펠츠 등이다.

전반적으로 보아 이들 연구자의 연구 영역은 과학·기술자, 계층, 에토스, 전문직, 커뮤니케이션, 논문, 보수, 혁신, 엘리트, 선취권, 발명·발견, 연구 평가, 연구자 연령, 대학, 과학·기술자, 교육 제도, 지식사회학, 문화, 과학의 과학, 노벨상, 여성 과학자, 과학·기술자와 유색 인종, 사회학의 사회학 등 다방면에 걸쳐 있다. 더욱이 현재 스토러의 7개의 카테고리는 더욱 세분화 및 전문화되고 있다.

한편, 과학사회학의 연구는 인접 여러 과학과 점차 밀접하게 관계되는 경향이 짙어가고 있다. 과학사, 기술사, 과학철학, 기술철학은 물론, 교육학, 정치학, 심리학 등 학제(學際) 연구가 성행하고 있다. 또 과학사회학 연구는 과학 정책 연구, 정보 과학, 과학의 경제학적 연구와 결합하고, 과학의 사회과학(social science of science)으로서 학제화하는 경향이 있다. 머튼과 거스턴은 과거 20년 사이에 과학사회학은 사회학으로서 과학의 종합화가 진전되고 있다고 강조했다.

영국

영국은 과학사가인 버널을 탄생시킨 국가로서 일찍이 과학사회학 연구에 관심을 보인 국가이다. 전후 과학사회학에 관한 연구 논문 수를 보면 1950~1960년 사이에 4편, 1961~1968년 사이에 13편, 1969~1973년까지 48편이 발표되었다. 이와 같은 연구 업적의 증가는 60년대 후반에 5개 대학에 과학사회학 연구소가 설립된 것과 관계가 있다.

멀케이(M. J. Mulkay)는 영국의 연구 동향을 과학에 관한 문헌으로부터 과학 기술의 담당자로 돌려놓았다. 그는 이들이 재직하고 있는 직장을 중심으로, 산업과 정부의 과학자와 대학의 과학자 두 부분으로 나누었다. 카드웰(D. S. L. Cardwell)은 『영국의 과학 조직』(1957, 1972년)에서 산업계와 정부에 있어서 과학자에 관한 과학사회학적 연구를 최초로 발표했다. 이 연구는 18세기부터 제1차 세계대전 후까지의 실용 연구를 역사적으로 분석한 것이다. 또 번스와 스토커(T. Burns and G. M. Stalker)는 『혁신의 경영』(1961)에서 전자공학과 같은 첨단 기술을 담당한 기업에서 과학적 발견이 어떻게 이루어졌는가를 조사했고, 코트그로브와 복스(S. Cotgrove and S. Box)는 『과학, 산업과 사회』(1970)에서 같은 문제를 다른 방법으로 다루었다. 이들은 모두 과학과 산업 사이의 관계가 점차 긴밀하게 되어 가는 사실을 조사하기 위해서 직업사회학과 조직사회학의 방법을 이용했다.

던칸(P. Duncan)은 관리적 업무에 대한 과학자의 태도를 조사했다. 많은 연구 영역에서 관리적 업무가 확대되어 있으므로, 많은 기업이 경제적으로 성공하기 위해서 관리의 차원에서 기술적으로 자격이 있는 사람의 참가를 요구하고 있다는 점을 전제로 연구했다. 또 정부와 기업, 대학 사이의 연구 커뮤니케이션의 과정에 관한 화이트리(R. D.Whitley)와 프로스트(D. A. Frost)의 연구도 있다. 그들은 영국 연구소의 커뮤니케이션망, 관리 스타일, 연구 실적 등을 연구했다. 브룸과 싱글레어(S. Blume and R. Singlar)는 연구의 보상 시스템을 분석하고 연구의 양과 질 사이에 강한 관련성이 있다는 사실을 지적했다.

엘리스(N. D. Ellis)는 두 개의 문화라는 정통적인 모델로부터 연구를 시작했다. 과학적 문화에서 연구라 말하고 있는 의미와 경영적 문화에서 연구라 말하는 의미는 정반대이고, 전부는 아닐지라도 많은 기업의 과학자가 과학적 문화에 위탁되어 있고, 이 위탁이 전문적 지식에 참가함으로써 유지된다고 주장했다. 그리고 이 문화의 '불일치'는 과학자와 경영자 사이의 관계를 특징짓는 갈등과 욕구 불만의 주된 원인이 된다고 주장했다. 엘리스는 대학, 정부, 기업의 과학자·기술자를 면접하여 이 모델을 뒷받침하는 증거를 제시했다. 그는 대학의 대부분의 연구자가 지식에 대한 공헌을 원하지만, 기업에 소속된 과학자의 경우에는 지식에 대한 공헌에 전념하고 있는 증거가 없고 기업 소속의 극히 소수의 과학자만이 '순수과학 에토스'를 지니고 있으며, 대부분의 연구에서 응용과학을 선호하고 있다고 주장했다.

번스는 산업계의 과학자가 안고 있는 가치와 기업 연구소에서 보이는 갈등과 불만족의 원인을 거론했다. 그는 기업에 취직한 후 수개월 안에 일어난 과학자의 가치 변화에 주목하고, 54명의 학생에 대해서 재학 중 2

회(1회는 최종 학년), 취직 후 반년부터 1년 사이에 1회 가치 의식을 조사했다. 그 결과 과학적 가치에 대한 생각이 매우 불안정하다는 사실을 알아냈다.

거스턴(J. Gaston)은 영국의 고에너지 물리학자(HEPS)의 전문적 보수 분배와 미국의 같은 분야의 보수 분배를 비교했다. 그는 영국의 과학의 보수 시스템이 사회적 영향을 받지 않는다고 결론을 맺었다. 그는 과학자의 생산성을 나타내는 지표로 출판물 수를 이용하고, 개개의 과학자의 모든 생산성의 상위와 특수한 사회적 변수 사이에 관계가 있는지를 알아내려고 시도했다.

브룸과 싱글레어도 거스턴과 마찬가지로 영국의 보수 시스템을 연구하고 연구의 양과 질 사이에 강한 관련성이 있음을 지적했다. 요컨대 우수한 논문을 내놓은 과학자는 내놓지 못한 사람들과 비교해 볼 때 동료들로부터 전문 영역의 발전에 공헌했다고 인정받는 점에서 다르다. 반면에 기업의 연구에 관계하는 과학자는 동료들로부터 생산적이라고 인정받지도 못하고 높은 평가를 받지 못한다. 이 사실은 기업과 대학 사이에 실속 있는 커뮤니케이션이 결여되어 있음을 보여 준다.

이처럼 영국의 과학사회학 연구는 다채롭지만 그 연구는 시작에 불과하다. 하지만 앞으로 기업에 있어서 과학자의 가치와 만족, 기술적 혁신의 공헌, 아카데믹한 과학 내에서의 보수 분배, 대학과 기업 사이의 기술적 정보 전달, 연구망의 전개 등 여러 영역에서 많은 연구가 기대된다.

독일·오스트리아

한편 과학사회학 연구는 주로 유럽의 연구자를 중심으로(때로는 미국의 연구자도 포함되어 있지만) 이룩되고 있다. 1977년부터 화이트 리 등의 이름으로 매년 나오고 있는 저서에 실린 논문 가운데 독일과 오스트리아의 논문이 제법 눈에 띈다. 이들 논문을 대강 정리해 보면 전후 과학사회학의 연구를 크게 셋으로 나눌 수 있다.

첫째, 과학 제도로서 독일의 대학에 관한 연구이다. 우선 옛 독일의 대학에 관한 벤-데이비드의 연구(1971)가 있지만, 독일 사회학자로서 쉘스키(H. Schelsky)의 『고독과 자유』(1960, 1963), 플레스너의 『독일 고등 교육에 있어서 교사의 지위에 관한 연구』(1956) 등이 있다.

둘째, 노동과 기업에서의 과학 연구이다. 연구 조직의 연구는 주로 산업사회학에 의해서 일어났지만, 과학·기술의 사회학적 접근의 하나로 쉘스키는 대규모 연구소에 대한 의존도의 증대와 과학의 분업화가 연구 조직의 관료제화를 생성시킨다는 가정을 주장하고 있다.

셋째, 과학과 사회관계에 대한 동적 연구이다. 이것은 일반적인 문제이지만 과학과 정책에 관한 연구로서 양자의 상호 의존성이 강조되어 있다. 따라서 과학적 조언자가 아니라 과학 행정의 정치적 의도가 인터뷰 등을 통해서 조사·연구되고 있다. 또 미국의 과학 시스템, 과학 정책, 과학자의 조직, 산·군·학 협동에 관한 문제도 이러한 시각에서 연구되고 있다.

전후 독일에서 최초로 과학사회학적 연구를 시도한 사람은 크리스만스키(H. J. Krysmanski)이다. 벤-데이비드는 저서 『사회에 있어서 과학자의 역할』에서 17세기 영국의 과학의 제도화와 프랑스 과학의 발흥과 몰락, 미국의 전문 직업화를 논했다. 또『기초 연구와 대학』에서는 근대사회에서의 독일의 대학 제도를 거론하고 독일 과학의 헤게모니와 조직화된 과학에 관해서 분석했다.

프랑스

프랑스의 과학사회학은 프랑크(P. Frank)를 중심으로 시작한다. 과학사회학 속에 기술사회학을 포함할 것인지 아닌지는 과학 기술의 사회학 연구를 어떻게 규정하는가에 따라서 그 내용이 달라진다. 그런데 프랑스 과학 기술에 관한 철학적, 역사적, 사회학적 연구 속에는 기술에 관한 업적이 많이 들어 있다. 르훼브르(H. LeFeble)의 중세의 기술에 관한 연구, 과학사가 코이레(A. Koyré)의 과학과 기술의 역사에 관한 연구, 에륄(J. Elull)의 기술과 사회의 연구 등이 그것이다. 그런데 프랑스의 과학사회학은 탄생했을 뿐이지 주요한 과제에 관한 연구가 계속되지 않고 있다.

제2차 세계대전 후 프랑스 사회학은 발전했으나 과학사회학은 도외시되었다. 1960년대 후반에 과학 정책에 관한 연구가 시작됨으로써 정부는 비로소 과학사회학 연구에 자금을 내놓았다. 1970년에 영국과 프랑스의 과학사와 과학사회학의 비공식 협회인 파렉스(파리와 서섹스 Par[is-Sus]ex)가 만들어졌다. 이 그룹은 지금도 프랑스의 과학사회학 연구에서 중요한 역할을 하고 있다.

프랑스의 과학 계획에 관한 조직인 '과학 기술 연구를 위한 일반 대표단'은 프랑스의 '연구의 연구'를 조사하고 비공식적으로 문제를 논의하고 있다. 그들은 대체로 다음 세 영역으로 나누어 연구하고 있다.

첫째, 사회학에서 연구 전통의 발자취를 사회역사적으로 연구하는 입장으로 프랑스 사회학 연구의 제도화, 사회과학의 경험적 연구 전통의 흐름에 관한 연구, 둘째, 사회조직이나 인식 구조에 의해서 과학이나 전문 영역의 발전이 영향받는 측면을 연구하는 입장으로, 이 연구는 최근에 이르러 시작되었다. 셋째, 연구소 조직과 연구자의 생산성에 미치는 요인을 연구하는 입장으로, 이 문제는 프랑스에서 아직 시작에 불과하다.

그러나 현재 프랑스 과학사회학 연구 현황을 볼 때, 프랑스의 과학 교육 제도를 말하지 않을 수 없다. 프랑스의 사회학 연구에서 가장 흥미 있는 문제 중 하나는 교육 시스템에 관한 연구이다. 또 과학 제도의 변화와 발전이 어떠했는지를 연구하고 과학적인 전문 연구의 발달에 관해서 주목하기 시작했다. 그리고 과학 지식의 보급과 대중에 대한 전달 문제 등도 연구되고 있다.

폴란드 · 이탈리아 · 러시아

폴란드의 과학사회학은 즈너니에키나 오소우스키의 영향으로 제법 연구가 진전했다. 제2차 세계대전 이전 폴란드의 과학사회학은 이론적 측면에서 즈너니에키의 지식사회학 영향을 받았다. 즈너니에키와 토머스

(W. I. Thomas)의 공저 『미국과 유럽에 있어서 폴란드 농민』(1918, 1927), 『사회학의 방법』(1934), 『사회적 행위론』(1936)은 미국 사회학에 커다란 영향을 주었다. 특히 과학기술사회학에 영향을 준 저서로 『지식인의 사회적 역할』(1940)이 있다.

전후 폴란드의 과학사회학은 1945년의 『과학 생활』(Zycie Nauki)이라는 잡지의 발간으로 시작됐다. 1963년 이후 과학사회학 연구 과제로 과학 조직, 과학적 경력, 과학 기술 혁명 등이 거론되고 있다. 폴란드의 과학사회학은 정변의 소용돌이에도 불구하고 연구가 지속되고 있으나 아직 시작에 불과하다. 대학에서 과학사회학의 공식적인 코스도 없고, 전문 영역으로서 과학사회학을 발전시킬 강력한 조직도 없다.

한편 이탈리아의 과학사회학의 경우, 바르바노(F. Barbano)는 과학과 기술의 진보 및 이것이 산업과 경제 발전에 주는 충격과 학교와 대학의 재조직, 그리고 과학과 산업, 교육과 정부, 경제와 연구, 국가와 국제적 시스템의 상호 의존성의 증가 등 세 영역으로 나누어 연구하고 있다. 대체로 이탈리아의 과학사회학은 과학과 기술, 과학의 발견, 과학과 교육, 과학과 산업 등에 관한 연구이다.

끝으로 러시아(구소련)의 경우, 도브로프(G. M. Dobrov)의 논문에 의하면 러시아의 과학사회학은 과학 정책 연구가 대부분이다. 과학 정책은 과학을 발전시키려는 사회적 목적을 달성하기 위한 목적과 메커니즘 및 실천 활동으로부터 성립하고 있다. 그리고 과학사회학으로 얻는 성과는 과학의 전략, 과학의 정책, 과학의 관리를 발전시키는 데 있어서 중요하다고 말한다.

러시아의 과학 정책 연구의 뿌리는 베르나드스키(V. I. Vernadski)가 내렸지만 과학 정책의 이론화와 실천은 레닌(V. I. Lenin)에 의해서 시작되었다. 메레시첸코와 슈하르딘(V. S. Meleshchenko & S. V. Shuhardin)이 저술한 『레닌과 과학 기술의 진보』는 과학 기술의 발달, 사회 발전에서 과학 기술의 역할, 사회주의 및 공산주의 건설에서 과학 기술의 진보에 관한 레닌의 이론적 명제와 소비에트 정권 최초의 수년간에 있어서 기술 진보의 문제에 관한 레닌의 활동에 대해서 논하고 있다. 러시아의 과학은 국가적 성격을 지니고 있으므로 과학자의 활동은 집단적이다. 러시아의 과학은 이론과 실천의 통일을 중시하고 과학 기술 정책은 국민의 기본적인 사회적 이해에서 출발하고 통일하는 데 기초를 두고 있다고 주장했다.

한편 과학 기술 혁명에 관한 마르크스주의의 연구는 1962년 『기술의 역사』가 간행됨으로써 절정을 이루었고, 현대의 과학 기술 혁명의 본질, 노동과 소외 등에 관해서 연구하고 있다. 그 속에는 키진(A. A. Kyzin)의 『엥겔스의 자연변증법의 발전』(1970), 케드로프(B. M. Kedrov)의 『20세기 자연과학에 있어서 레닌과 혁명』(1969) 등이 있다. 또 볼코프(G. N. Volkov)의 저서 『과학사회학, 과학 기술 활동의 사회학적 기록』(1968)이 있고, 르미얀세프(A. Rymyantsev)의 논문 「사회학과 과학 기술의 발전과 예측」(1968)이 있다.

이상 각국의 과학사회학 연구 현황을 간단히 살펴보았는데, 미국과 서유럽, 그리고 사회주의 국가의 과학사회학의 연구는 이처럼 매우 다양하고 특색이 있다.

4. 머튼과 과학 규범 구조론

과학사회학의 개척자, 머튼

과학, 기술에 대한 마르크스주의적 연구는 과학이라는 상부 구조를 하부 구조로부터 설명하고 있다. 이 경향은 1930년대 미국과 영국에서 유행했고, 크라우저, 버널, 니덤, 릴리, 스트루익 등이 이 흐름에 따랐다. 이러한 흐름에 반해서 과학, 기술의 사회 구조에 관한 연구가 베버나 셸러 등 사회학 연구자들에 의해서 시작되었다. 하지만 본격적인 과학사회학 연구의 출발은 머튼의 「17세기 영국의 과학, 기술과 사회」와 오그번의 『사회 변동론』(Social Change, 1922)에서였다. 즉 전자는 과학의 사회학적 연구, 후자는 기술의 사회학적 연구의 출발점이었다. 다만 여기서는 과학의 문제에 주목하기 위해서 머튼의 연구를 중심으로 분석해 본다.

머튼이 저술한 과학사회학에 관한 책은 많다. 앞서 말한 「17세기 영국의 과학, 기술과 사회」는 그의 박사 논문이었고, 그 외에도 『사회 이론과 사회 구조』(1949), 『학생·의사·의학, 교육사회학 서설』(1957), 스토러가 편집한 『과학사회학』(1973), 머튼과 거스턴이 편집한 『유럽의 과학사회학』(1977) 등이 있다. 또 논문으로는 그의 스승이자 사회학자인 소로킨과 공동 집필한 「아라비아의 지적 발전의 과정-기원 700~1300」(1935) 외에도 많다. 앞

에 말한 스토러가 편집한 『과학사회학』에 따르면 머튼의 논문 수는 1973
년의 시점에서 약 65편 정도로 대부분 과학사회학 관련 논문이다.

머튼은 논문이나 저서에서 많은 문제를 논의했다. 그중 과학사회학에
영향을 준 것으로는 우선 과학사회학의 출발점이 되었던 「17세기 영국의
과학, 기술과 사회」, 그리고 그의 규범적 접근을 전형적으로 나타낸 「사회
와 사회 질서」 및 「과학의 규범 구조」, 보수 구조나 평가 과정에 관한 논문
으로 「과학적 발견의 선취권」, 「과학의 단일 발견과 다중 발견」, 「과학의
평가 과정에 관한 인지와 우수성」 등이 있다.

「17세기 영국의 과학, 기술과 사회」

이 논문은 두 개의 큰 테마로 되어 있다. 하나는 베버가 제기한 종교와
경제의 관련성에 관한 고찰을 종교와 과학 사이의 문제에 적용한 것이다.
요컨대 베버가 프로테스탄티즘의 경제 윤리가 근대 자본주의 형성과 밀
접한 관련성이 있다는 점에 주목한 것을 본받아, 머튼은 프로테스탄티즘
의 에토스가 근대적인 합리적 과학의 성립과 밀접한 관계가 있다는 사실
을 입증하려고 했다.

또 다른 테마는 베버의 연구가 종교와 경제라는 상부 구조와 하부 구
조의 관련성에 대한 규명인 데 반하여, 머튼의 연구는 종교와 과학이라
는 문화 사이의 관련성에 관한 규명이다. 양자의 관련을 사회적으로 이해
하기 위해서는 다만 문화 요소 사이의 연구만이 아니고, 그것을 사회 차

원까지 연장하는 분석이 필요하다. 머튼은 1932년에 출판된 헤센의 논문 「뉴턴의 『프린키피아』의 사회·경제적 기반」의 영향을 받음으로써 17세기 영국 과학이 당시의 기술과 어떻게 연결되었으며, 광업 기술, 해상 운수 기술, 군사 기술이 경제상의 문제와 어떻게 관련되어 있는가를 분석했다.

사회와 직업적 관심의 변화

머튼은 논문의 앞부분에서 중세의 관심은 종교와 신학에 있었는 데 반해서, 근대 특히 과거 3세기 사이의 관심이 과학과 기술로 옮겨진 까닭이 무엇이며, 이 변화에 사회적 요인이 어떤 영향을 미쳤는가를 묻는 데서부터 논의를 시작했다. 이 문제의 해결에 풍부한 자료를 제공한 것이 17세기 영국 문명이다. 그는 영국의 사회적 배경을 직업적 관심의 변화로부터 이해하기 위해서 영국의 『인명사전』(The Dictionary of National Biography)을 바탕으로, 1601년부터 1700년 사이에 영국의 주된 관심이 엘리트 사이에서 어떻게 변화했는가를 군사, 회화, 조각, 음악, 과학, 법률 등 다양한 영역에서 찾았다. 그 결과 과학에 대한 관심은 1646년 이후부터 높아졌고, 1686년 이후에 다소 감소했다는 사실로 귀결되었다.

머튼은 7분야의 과학을 두 영역, 즉 비생명 분야의 자연을 취급하는 과학과 생명 분야의 자연을 취급하는 과학으로 나누고, 전자에는 형식과학과 물리과학을, 후자에는 생물학, 자연인류학, 의료과학을 소속시켰다. 다만 지구과학과 문화과학은 두 영역에서 제외했다. 그리고 두 영역 중

전자에 대한 관심은 1680년대 후반까지 높았고, 후자에 대한 관심은 오히려 1680년을 경계로 높아졌다는 사실을 찾아냈다. 이러한 경향은 과학적 관심의 초점이 전적으로 과학 내부의 문제에 의해서가 아니라, 시대나 사회적 상황과 관련되어 있으며, 과학자가 선택한 과제는 그 시대에 지배적인 가치나 관심과 연결되어 있다는 사실을 보여 주었다. 17세기 당시 지배적인 것은 공리주의와 실용성, 그리고 현실성을 비중 있게 보는 가치로서, 그것이 과학의 발달에 적절하게 작용한 사실이다.

이 시기에 과학, 기술의 발달을 지지한 것은 대학이 아니었다. 뉴턴 시대까지 대학은 여전히 아리스토텔레스의 논리학에 점령당하고 있었으므로, 과학의 진보에 공헌한 것은 실제적인 일에 종사한 기술자와 계몽한 개인으로 구성된 학회였다. 영국의 왕립학회는 1640년대에 열성적인 사람들이 비정기적으로 모였던 '보이지 않는 대학'에서 출발했고, 이탈리아의 학회의 영향을 받아 1662년 찰스 2세 때 왕립학회가 설립되었다. 이 학회는 수학적, 자연과학적, 기계적인 모든 것을 대상으로 연구했다. 왕립학회는 헌장에서 '이미 잃어버린 이용할 수 있는 모든 공예와 제조술을 회복하는 것', '모든 유용한 공예, 제조술, 기계적인 실제의 일, 엔진, 발명을 개량하는 것'을 목표로 삼았다.

머튼은 17세기 영국의 과학, 기술상의 발전을 왕립학회의 기관지인 『과학 보고』(Philosophical Transactions)에 게재된 논문의 통계를 바탕으로 확인하고, 동시에 그 배후에 있는 문화적 가치를 찾으려 했다. 그 결과 17세기 후반부터 과학과 기술에 대한 관심이 높아졌고, 과학이 일반에까지 인식되고 조직되기 시작했다는 사실을 찾아냈다. 왕립학회의 설립은 바로 그 증거였다. 그는 "왕립학회의 설립은 자연 발생적인 것이 아니다. 거기에는 그것을 탄생시킨 문화에 깊이 뿌리 내린 내력이 있었다."라고 기술하고 있다.

과학과 퓨리터니즘 윤리

머튼은 당시 영국민의 활동을 부추긴 요인으로 퓨리터니즘을 들고 있다. 그렇다면 청교주의 윤리의 특징은 무엇인가. 그것은 '신의 영광'을 늘리는 일로서, 머튼은 근면, 직업의 선택, 축복된 이성, 유익한 교육에서 이를 찾았다.

그런데 이상과 같은 퓨리터니즘의 윤리는 17세기 과학자들에게 어떤 동기를 부여했는가. 머튼은 스프라트(T. Sprat)가 쓴 『런던 왕립학회사』나 당시 과학자의 저서로부터 과학 연구의 주요한 새로운 동기를 다음 두 가지 측면에서 찾아냈다. 하나는 '신의 영광'을 늘리고 신의 일을 확증하기 위함이고, 또 하나는 인류의 복지에 공헌하기 위함이었다. 당시 유명한 화학자 보일(R. Boyle)은 자신의 연구를 '신의 영광'을 위함이고, '인간의 행복'을 위함이라고 주장했다.

퓨리터니즘 자체는 과학에 대하여 다음 세 가지 효용을 부여하고 있다. 첫째, 과학자가 은총을 꿈꾸고 있는 것을 실제로 입증하고, 둘째, 자연에 대한 통제를 확대하고, 셋째, '신의 영광'을 기리는 도구라는 점이다.

또한 퓨리터니즘의 제2의 윤리는 사회복지나 다수자의 행복을 항상 염두에 두었다. 베이컨(F. Bacon)은 인간의 물질 조건을 개선하는 과학의 힘을 예수 그리스도가 구하고 있는 선으로 보았다. 베이컨이나 보일에게 실험 과학은 그 자체가 종교적 과제였다.

이처럼 머튼은 청교주의의 여러 원리와 과학 연구의 여러 속성, 목표, 결과 사이에서 상관관계를 찾았다. 그는 스프라트가 말한 바와 같이 퓨리터니즘이 인간의 직업에서 조직적이고 질서 있는 노동과 근면을 요구한다면, 실험보다 더 활동적이고, 근면하고 조직적인 것이 또 있을 수 있을까, 라고 주장했다. 실험 기술이야말로 굽히지 않는 노력이 필요한 일이었다. 퓨리턴이 근면을 들고 있는 것은 그것이 죄짓는 생각을 몰아내고 직업을 수행하는 데 도움이 되기 때문이었다. 머튼은 퓨리턴의 에토스에는 합리론과 경험론이 함유되어 있고, 양자의 조화가 근대 과학 정신의 핵심을 형성한다고 강조했다.

머튼은 자연과학을 인정하는 데 있어서 직접적인 효과를 보인 퓨리터니즘의 윤리는 자연 연구가 신의 작업을 보다 깊게 이해시키고, 이것으로 신의 창조의 힘과 지혜를 찬미하도록 했다고 주장했다. 즉 퓨리터니즘의 과학에 대한 인정은 경험적, 합리적으로 자연의 질서를 탐구하려고 한 부단한 흥미와 관련되어 있다. 종교는 프로테스탄티즘을 통해서 과학에 대한 흥미를 불러일으켰고, 실제로 행동과 신념의 기초로서 경험과 이성을 중시하여 동시에 세속적 활동에 정신을 집중해야 한다는 의무를 주었다.

퓨리터니즘이 근대과학에 부여한 역할은 과학 연구를 종교적으로 인정하고 정당화시킨 점과 과학 연구의 동기가 종교상의 신앙에 바탕하고 있다는 점이었다. 전자는 영국에서 요컨대 종교가 당시 영국 사람들의 행위나 관심에 대해서 큰 영향을 주었고, 과학은 종교상의 이념과 목표를 달성하기 위한 유효한 수단으로 생각되었다. 과학이 제도화되기 이전에 과학이 이처럼 종교 목표의 수단이 됨으로써 사회에서 인정되고 정당화되었다. 즉 종교는 과학을 존중하도록 사회 구조를 변화시켜 놓았다.

가설의 검증

머튼은 프로테스탄티즘의 윤리에서 기여된 문화적 태도가 과학에 유리하고, 많은 과학자의 연구 동기가 이 윤리에 의해서 주어졌다는 가설과 프로테스탄티즘이 설명하고 있는 여러 가치와 경험론이 조화를 이룬다는 가설을 검증하기 위해서, 우선 왕립학회의 지도자들이 퓨리터니즘의 영향을 받았는지 어떤지를 증명한 다음, 과학 교육에 미친 청교도의 영향에 관해서 언급했다.

우선 왕립학회의 지도적 인물 중에는 윌킨즈(J. Wilkins), 월리스(J. Wallis), 보일, 페티(W. Petty) 경 등이 있다. 이 사람들은 퓨리터니즘의 영향을 현저하게 받았다. 머튼은 이 점에 관해서 1663년 왕립학회원의 명단 속에서 종교와 관계가 있다고 보여지는 68명 중, 42명이 분명히 퓨리턴이라고 다음과 같이 지적했다. "퓨리턴이 영국 총인구 속에서 점유하는 비율은 비교적 소수이지만, 초기의 왕립학회의 62%가 청교도였다는 사실은 매우 눈에 띄는 사실이다."

청교주의와 과학의 관계는 왕립학회의 예에서만 입증된 것이 아니다. 퓨리턴의 공리주의와 경험주의에 대한 강조는 그것을 가르치는 교육의 방식에도 분명히 반영되었다. 퓨리턴인 하트리브(S. Hartlib)는 영국 교육계에 새로운 실업적, 공리적, 경험적 교육을 도입하려고 노력하는 한편, 과학 전문 교육을 보급하려 했다. 또 코메니우스(J. A. Comenius)의 교육 체계는 공리주의와 경험주의, 그리고 과학 기술의 연구를 비중 있게 가르치는 데 기초를 두었다. 또 우드워드(H. Woodward)도 실학주의와 과학 교육을 강조했다. 한편 대학 중에는 더람 대학처럼 '과학 전체를 위해서' 창설된 대학도 있고, 케임브리지 대학에서는 퓨리턴의 힘이 가장 왕성한 시기에 과학 연구가 거세게 일어났다.

이처럼 머튼은 청교주의의 윤리가 17세기의 영국 과학의 발달에 영향을 주었고, 이러한 윤리로부터 생긴 공리주의, 현세적 관심, 경험주의 등 문화적 태도가 과학, 기술의 발달에 유리하게 작용했으며, 프로테스탄티즘과 과학, 기술에 대한 관심 사이에 상관관계가 인정된다는 사실을 밝히려고 노력했다.

머튼은 청교주의와 과학의 관계 이외에 과학 발달의 사회적 환경으로서 광업과 수송, 그리고 군사 기술을 거론했다. 첫째, 17세기 영국에서 광업, 특히 석탄의 채굴은 연료 문제의 해결에 필요 불가결한 것이었다. 각종 공업, 그중에서도 철의 정련용이나 놋쇠·구리의 주조, 양조, 염색 등에 이용되는 목재의 부족, 연료용 목재의 고갈은 영국의 석탄 채굴의 필요성을 높였다.

둘째, 수송 문제, 특히 해상 수송이 거론된 이유는 당시의 과학자가 영국의 자연적 입지 조건(섬) 때문에 제기된 문제, 즉 식민지의 팽창, 외국 무역, 군사 문제에 관심을 가졌기 때문이었다. 또한 그것은 나침반과 자기(磁氣) 일반에 관한 연구를 위시해서 경도의 제정, 간만의 시각 결정, 조선 기술, 송진이나 타르나 밧줄의 개량, 역학, 빛, 유체역학 등의 연구를 유도했다. 그런데 이러한 기술적 과제에 몰두한 연구자의 대부분은 왕립학회의 회원이었다. 예를 들면 네피어(J. Napier), 브리그스(H. Briggs) 등은 항해술을, 고다드(J. Goddard), 페티, 렌(Sir C. Wren) 등은 조선술을, 모레이(J. Moray), 고다드, 브라운커(W. Brouncker) 등은 유체역학을 연구했다.

셋째, 군사 기술의 문제도 앞에서 말한 수송과 관계가 있다. 1607년의 영국 해군의 군함은 50톤급 40척에 불과했으나, 1695년에는 200척으로 총 톤수는 11만 2400톤에 이르렀다. 1588년에 영국 함대가 스페인의 무적함대를 격파하고 승리한 것은 조선과 군사적 기술의 우위성을 말해 주고 있다. 머튼은 1935년의 「과학과 군사 기술」이라는 논문에서 군사적 기술과 직접 관련된 연구와 간접적으로 관련된 연구로 나누었다. 전자에 탄도와 발사 속도의 연구 등이 포함되고, 후자에 가스의 압축과 팽창 등의 연구가 포함되었다. 무기의 제조를 비롯하여 발사되었을 때 대포 내부에서 일어나는 작용의 연구, 조준 방법, 진공 탄도, 공기 탄도 등 탄도학의 연구가 모레이, 훅(R. Hooke), 헬리(E. Halley), 월리스 등에 의해 연구되었다.

머튼은 과학자의 연구 동기에 관해서도 자료를 인용하여 분석했다.

그는 전체 연구의 약 70%가 실제적인 인과 관계가 없지만, 여기서 거론한 시기 후반이 되면서 순수과학의 연구 비율이 1661년의 39.8%로부터 1687년의 53.2%로 점차 늘어난 사실을 지적했다. 그러나 그는 결론적으로 수송, 채광, 군사 기술을 거론한 자료에 바탕을 두고, "사회 경제적 요구가 17세기 영국의 과학자가 연구 주제를 선택하는 데 상당한 영향을 주었다."라고 가설적으로 주장했다. 또한 "대체적으로 당시 연구의 약 30～60%는 직접적이든 간접적이든 현실적 요구에 의해서 영향을 받았다."라고 말했다.

머튼의 이 논문에 반론을 제기하는 학자들도 많다. 그러나 어쨌든 이 논문이 과학의 사회학적 분석의 모범으로 인정됨으로써 과학사회학 형성에 큰 역할을 했다. 머튼을 가리켜 '과학사회학의 아버지'라고 하는 것은 바로 이 때문이다.

과학의 규범 구조론

머튼의 과학사회학에서 또 하나의 중요한 분야는 과학의 규범 구조에 관한 연구이다. 머튼 과학사회학의 특징은 과학자의 연구 활동과 활동의 지향성, 그리고 과학자 집단을 유지하고 발전시키는 규범 구조의 분석으로, 방법으로는 행위론적 또는 기능론적 접근을 취한 점이다.

이미 살펴본 바와 같이, 머튼은 「17세기 영국의 과학, 기술과 사회」에서 프로테스탄티즘, 특히 청교주의의 에토스가 근대의 합리적 실험과학의 발전과 밀접한 관련을 지니고 있다는 사실을 지적하고, 그다음으로 한 개의 사회 제도로 성립한 과학의 에토스 자체에 주목했다.

머튼은 『과학과 사회 질서』(1938)에서 과학의 지속과 발전은 과학을 지지하는 문화적 조건에 의존한다고 밝히고 이 조건이 미치는 통제를 검토했다. 나치즘과 같은 독재 정치의 제도적 규범과 과학과의 대립과 긴장을 그 예로 들 수 있으며 한편, 고도의 집중적 통제가 없는 미국 사회에서 과학에 대한 적의의 발생에 대해서 언급했다. 그는 과학에 대한 잠재적이고 현실적 적의가 있는 많은 사회를 예로 들면서, 반과학의 움직임은 과학의 에토스와 다른 사회 제도의 에토스의 갈등에서 유래한다는 사실에 주목했다.

머튼은 이 갈등이 생기는 예로서, 과학적 지식의 응용에 의한 사회적 효과가 바람직하지 않다고 생각하는 경우, 과학자의 회의주의가 다른 제도의 기본적 가치로 향하는 경우, 정치적·종교적·경제적 권위의 확장이 과학자의 자율성을 제한하는 경우, 반주지주의가 과학의 가치와 완벽함에 의문을 던지는 경우, 그리고 과학 연구에서 과학 외의 적절한 기준이 도입되는 경우 등을 들었다.

여기서 머튼은 과학의 에토스를 '과학자를 구속하고 있다고 생각되는 여러 가지 규칙, 규정, 도덕적 관습, 신념, 가치가 전제로 되는 감정적 색채를 띤 복합체'라고 설명했다. 그 내용으로 첫째, 과학은 신학과 경제, 그리고 국가의 시녀가 되는 데 만족해서는 안 된다는 과학의 자율성과 순수성, 둘째, 기존의 관습, 권위, 기존의 순서, 계통적인 회의주의를 지적했다. 이러한 지적은 그 후 그의 규범 구조론으로 전개되었다.

그런데 이 논문에서 과학의 에토스란 '과학자가 훈련을 받기 시작한 당초부터 공명하고 있는 한 가지 감정'으로서, 그것은 단지 과학자의 주관적 감정이 아니고, 과학자 집단 혹은 과학 공동체 (Scientific Community) 안에서 훈련을 받음으로써 얻는 것이라 주장했다. 이미 거기에는 과학 공동체가 전제로 되어 있고, 에토스는 이 집단이 가지는 일반적인 가치, 공통적인 가치로서 이해되었다. 그리고 이 에토스는 과학 공동체 구성원의 행동, 사고의 기준이 되고 규범이 된다. 따라서 에토스는 과학적 행동을 구속하는 테두리다.

이 테두리로서 CUDOS의 규범이 있다. 이것은 과학의 에토스를 모양 짓는 4쌍의 제도적 명령으로서 공유성(Communism), 보편주의(Universalism), 이해의 초월(Disinterestedness), 계통적 회의주의(Organized Skepticism)의 앞 글자를 딴 것이다. 물론 이에 관해서는 에토스의 타당성을 비롯하여 이미 많은 비판이 있다.

머튼은 첫째, 1942년의 「민주적 질서에 있어서 과학, 기술」이라는 논문(후에 「과학의 규범 구조」라고 제목을 고쳤다) 속에서 공유성을 논하면서, 거기에는 다음과 같은 세 가지 의미가 있다고 주장했다. 공유성의 제1의 의미는 과학의 실질적 지식이 사회적 협동의 소산으로서 공동체에 귀속한다는 뜻이다. 따라서 개개의 생산자의 지분은 심하게 제한되고 세상에서 인정되고 존경을 받는 것으로 한정된다. 그 때문에 선취권 다툼이 일어나는데, 이는 독창성을 제도상 강조하는 데서 기인한다. 여기서 경쟁적인 협동이 생기고, 경쟁의 산물이 공유화되며, 존경의 몫은 생산자에게 돌아간다.

공유성의 제2의 의미는 과학적 지식의 커뮤니케이션의 명령, 요컨대 식견이 교류되어야 한다는 점이다. 이 규범은 비밀주의를 배제하고 완전한 개방적 교류를 요구한다. 과학적 활동의 소산을 은폐하는 것은 이기적이고 반사회적인 결과를, 또 과학 정보의 교류와 과학 발전을 방해하는 결과를 낳는다. 이 점은 앞에 말한 과학을 공공물의 일부로 보는 생각과 연관되어 있다고 볼 수 있다. 그러나 현실 속에서는 과학 정보의 비밀화, 폐쇄화가 일어나고 있다. 이 경향은 과학의 산업화, 과학의 군사화와도 관계가 있다. 지식의 커뮤니케이션이라는 공유성의 특징은 바깥 사회와 과학의 관련 속에서 파악할 필요가 있고, 또한 공유성의 에토스가 외부 사회와의 관련에서 어떻게 제한되고, 변형되고 있는가를 파악하지 않으면 안 된다.

공유성의 제3의 의미는 과학자가 이러한 결과들이 자신의 권리를 특별히 주장할 수 없는 문화적 유산이라는 자각이다. 과학적 연구는 본래 협동적, 누적적인 성질의 것이다. 그러나 우선 과거와 현재가 협동적인가를 살펴보아야 하고, 다음으로 과학이 예상한 대로 누적적으로 되는지 어떤지를 문제로 삼아야 한다. 전자는 과학의 발전 과정과 과학자의 사회관계, 커뮤니케이션, 조직에 관한 문제이고, 후자는 과학의 발전 과정에 있어서 연속성과 비연속성에 관한 문제로 후에 말할 쿤의 과학혁명론의 주장과 대립하는 문제점을 안고 있다.

둘째, 머튼은 보편주의 에토스에도 세 개의 의미를 부여했다. 제1의 의미는 보편주의란 미리 확립된 즉물적 기준(pre-establish impersonal criterion), 즉 관찰과 이미 확인된 지식에만 일치하는 기준에 비추어 판단해야 한다는 것이다. 과학의 객관성은 관찰이나 기지의 원리와 방법을 적용하여 얻는다. 그는 즉물성에는 계산 가능의 의미가 포함되어 있고, 수량적인 기법에 의한 합리화가 바닥에 깔려 있다고 주장했다.

제2의 의미는 과학적으로 입증된 방식은 객관적인 계기나 상관을 논하는 것으로, 타당성에 관해서 특수주의적 기준을 배제한다는 것이다. 보편적이란 객관적인 것으로 그것은 인종, 국적, 종교, 계층, 개인의 출자 등과 무관하다. 제3의 의미는 과학자로서의 경력은 재능 있는 자에게 개방되어 누구라도 자유로이 과학 연구에 종사할 수 있다는 것이다.

이처럼 머튼은 보편주의의 에토스를 과학 연구의 즉물성, 객관성, 연구의 자유라는 3개의 차원에서 분석했다. 그러나 그것들의 차원이 반드시 같다고 볼 수 없다. 즉 전자의 즉물성은 과학 연구의 방법에 관한 기준이고, 후자의 두 가지는 과학자, 연구자의 연구 활동 및 과학 공동체에 관한 기준이다. 바꿔 말하면 보편주의는 과학이라는 연구 활동의 방법적 규준을 나타내고, 동시에 연구자에 대한 제도적 요청이라는 양면성을 띠고 있는 에토스이다.

머튼은 이 세 개의 의미를 가지는 보편주의를 제도로서의 과학의 지상 명령이라 생각하고, 이어서 과학의 에토스가 주위 명령의 에토스와 일치하지 않은 경우를 언급했다. 민족주의, 국가주의라는 모순 등이 바로 그 경우이다. 그는 이 모순이 보편주의의 사회적 관습을 범하고 있다고 비난하고, 민주주의가 보편주의적 기준을 유지하는 데 힘이 된다고 강조했다.

셋째, 이해(利害)의 초월이란 과학자가 자신의 연구로부터 개인적으로 이익을 얻는 것이 위법이라는 규범이다. 과학이 전문적으로 인정받기 위해서 행하는 과학 연구를 자신의 명백한 이해 획득이라 생각하는 것을 금지하는 에토스이다. 머튼은 과학자의 연구 동기로서 지식에 대한 정열이나 인류의 복지에 대한 이타적 관심 등을 들고 있다. 그러므로 제도가 이해를 초월하는 행동을 명령하는데 그것을 위반하면 제재를 받고, 스스로 심리적인 갈등이 겹쳐 고심하므로, 이러한 이해 초월이 과학자의 관심사가 된다고 설명하고 있다. 그는 이해의 초월이라는 규범을 받아들이고 동료 과학자에 대해서 최후 책임을 지는 것이 중요하다고 보았다.

넷째, 계통적 회의주의란 사실이 손안에 자리매김할 때까지 판단을 보류하고, 경험적, 논리적 기준에 비추어 신념을 객관적으로 음미해야 한다는 명령이다. 이것은 기존의 관례, 권위, 기성의 수법에 은밀히 의문을 제기하는 데서 발생한다고 머튼은 생각했다. 과학자는 자신의 연구를 기초로 타인이 이룩한 연구의 유효성을 확인하는 책임을 지며, 타인의 연구가 틀렸다고 믿을 때 이를 비판하는 의무가 있다고 하는 규범이다.

이상이 머튼의 과학의 에토스의 개요지만, 그의 에토스론도 이론의 지지, 전개, 반대, 수정의 논의를 거쳐서 오늘에 이르고 있다.

과학의 보수 구조와 평가 과정

머튼의 과학사회학 연구는 이외에도 더 많다. 스토러가 편집한 『과학 사회학』(1973)에는 보수 시스템의 연구와 과학 연구의 평가 과정에 관한 연구가 들어 있다. 보수 시스템에 관계되는 것으로 「과학적 발견에 있어서 선취권」(1957), 「과학의 단일 발견과 다중 발견」(1961), 「과학자의 행동 유형」(1968) 등이 있다. 또 평가 과정에 관계되는 것으로는 『'인지'와 '우수성'』(1960), 「과학에 있어서 마태 효과」(1968) 및 주커먼과 공동 집필한 「과학 평가의 제도적 패턴」(1975) 등의 연구가 있다.

과학의 보수 구조

머튼의 논문 중 「과학적 발견에 있어서 선취권」은 과학의 보수 시스템에 관한 연구의 출발점이 된 논문이다. 그는 이 논문에서 선취권에 관한 과학자의 논쟁이나 갈등을 거론하고, 이러한 갈등이 과학의 제도적 규범 때문에 생기는 것이라고 주장하면서, 과학의 규범적 구조와 보수 구조의 관련성에 주목했다. 과학은 다른 사회 제도와 마찬가지로 제도로서의 고유한 가치, 규범, 조직을 지니고 있지만, 과학은 그것들 중에서도 특히 독창성이라는 가치를 강조하는 제도이다. 그 이유는 독창성이 과학의 발전에 공헌하기 때문이다.

또한 과학은 다른 제도와 마찬가지로 역할 수행에 보수를 주는 시스템이다. 과학은 진리의 탐구를 겨냥하는 것이 첫째이고, 생계 수단은 2차적 목적이기 때문에 보수는 명예적이다. 이 가치의 강조와 조화되어 보수는 달성도에 따라서 계산되므로 과학자는 선취권 싸움을 전개한다. 제도가 효과적으로 작용하고 있을 때는 제도적 목표와 개인에 대한 보수가 원만하게 처리된다. 그러나 이러한 제도적 가치가 제 기능을 잃으면, 선취권을 획득하기 위하여 비밀주의를 고수하고 데이터를 표절하며, 또한 다른 사람의 아이디어를 도둑질하고 테마를 흉내 내는 등 역기능이 생긴다.

이 논문은 제도로서의 과학의 규범 구조와 보수 구조의 관련성에 관한 연구다. 동시에 업적과 보수 시스템을 과도하게 제도적으로 강조할 때 역기능이 생긴다고 하는 이탈 현상 및 무질서에 관한 연구이다. 후자의 문제는 머튼의 「사회 구조와 사회적 무질서」(1938)에서 이미 전개되었다.

머튼의 「과학의 단일 발견과 다중 발견」이란 논문은 과학의 발전 과정에서 선취권의 문제를 다룬 것이다. 여기서 발견의 예고는 연구 경쟁으로부터 다른 사람보다 먼저 잡으려 하기 때문에 일어난다. 이로 인해서 일반적으로 가정되어 있는 것보다도 다중 발견이 흔히 일어난다는 사실을 지적하고 있다. 또 대과학자의 연구로부터 과학의 진보가 일어나는가, 아니면 과학적 지식의 축적의 결과로부터 생기는가를 논하고 있다. 「과학자의 이중성」이라는 머튼의 논문은 보수 시스템이 과학자 사이에서 심리적인 갈등을 불러일으키고, 규범적 구조의 구성 요소 사이의 긴장을 만들어 내는 것에 관해서 연구를 논하고 있다.

과학의 평가 과정

과학의 평가 과정에 관한 『'인지'와 '우수성'』의 논문에서, 머튼은 사회에서 연구의 우수성이 어떻게 인정되고 보답받는지, 아니면 무시되고 있는가, 이러한 과정의 효율성이 어떻게 해서 증가하는가, 라는 문제에 주목했다. 그는 과학적 업적의 인지를 수단적 의미와 명예적 의미로 양분하고, 우수성에 관해서도 질의 우수성과 목표 달성의 우수성으로 양분했다.

「과학의 마태 효과」라는 머튼의 논문은 마태복음서에 있는 "모두 가진 자는 여유 있고 풍요롭다. 그런데도 갖지 않은 자는 그가 가진 것마저 빼앗긴다."(25장 29절)에 근거하여 머튼 자신이 붙인 이름이다. 그것은 두 가지 의미, 요컨대 보수 규정과 커뮤니케이션 과정에 관해서 논의하고 있다. 전자는 유명한 연구자의 업적에 대해서는 이미 상응하는 이상의 승인이 주어지지만, 무명의 연구자에 대해서는 상당하는 이하의 승인만이 주어진다는 보수 분배의 불균형을 지적하고 있다. 후자는 문헌 탐색에 있어서 저명한 사람의 문헌은 그렇지 않은 사람의 것보다 눈에 더욱 잘 띄고, 실제보다 많이 읽혀진다고 지적한 내용이다. 그는 '마태 효과'의 사회 심리적 조건과 메커니즘을 연구하고, 많은 발견을 하는 기능과 탁월한 과학자에 집중하는 기능의 상관관계를 지적했다.

머튼의 연구 활동 평가에 관한 연구는 과학적 연구의 질의 측정, 논문 생산량과 그 우수성과의 관계, 전문적 인지의 결과로서의 인용 횟수의 연구라는 형태로, 1966년 이후 머튼파의 사람들에 의해서 발전되어 왔다.

예를 들면 콜 형제(J. Cole and S. Cole)는 과학적 업적의 인지를 명예적 보수 뿐만 아니라, 직업적 지위와 현저함(visibility)으로부터 구했다. 그들은 한 연구자가 일에 정통하고 있다고 대답하는 사람의 비율에 따라 과학자의 현저함을 측정했다. 그들은 미국의 물리학자를 대상으로 조사하여 '출판 아니면 멸망'이라는 생각이 예상한 대로 물리학자에 있어서 현실과 일치 하는지, 아닌지를 조사했다. 이 때문에 논문의 양과 질(인용 지수)로부터, 논 문 30편 이상의 다작형과 그것보다도 적은 과작형, 또한 발표 논문이 평 균적으로 높은 인용 횟수를 지닌 우수형과 인용 횟수가 적은 저급형으로 나누었다. 그리고 그러한 형을 조합하여 물리학의 연구자에게는 우수다 작형, 난작형(亂作型), 완전형, 침묵형 등 4개의 타입이 있다고 주장했다.

이처럼 머튼의 과학사회학 연구의 범위는 넓다. 이를 크게 정리해 보 면 스토러가 분류한 것처럼, 중심 과제는 과학 공동체의 규범에 관한 연 구, 보수 시스템 연구, 평가 과정의 연구라 볼 수 있다. 그리고 이러한 연 구 분야는 머튼파라 불리는 사람들에 의해서 더욱 세분화되어 연구되고 있다.

5. 쿤과 패러다임론

과학사회학자로서의 쿤

머튼의 과학사회학에 대한 본격적인 비판은 미국의 과학사학자 쿤에 의해서 제기되었다. 그는 다음과 같은 의미에서 자신의 연구가 사회학적 이라고 주장했다. 즉 과학적 방법에 관한 논의는 올바른 지식을 만들기 위해서 지켜야 하는 규칙을 탐구하는 것이며, 과학적 지식은 본래 집단의 산물로 그의 효력이나 발전 방법을 이해하기 위해서는 과학자 집단의 특 수한 관계를 연구해야 한다는 것이다. 이러한 의미에서 그는 자신의 연구 가 사회학적 연구라 말하고 있다.

쿤의 연구가 어떤 점에서 과학사회학적인가. 그의 주저 『과학혁명의 구조』(1962년)는 번역서도 있고, 이미 설명서도 많이 나와 있다. 그가 사용 하고 있는 그리스어 '패러다임'(paradigm)이라는 말은 이미 일반화되었다. 따라서 그의 이론 모두를 설명하는 것은 그다지 필요하지 않으므로, 여기 서는 그의 과학사회학을 이해하는 데 필요한 부문만으로 한정하고, 그의 이론의 특징을 지적한 뒤, 머튼의 사회학과 비교해 본다.

『과학혁명의 구조』에서 쿤은 몇 가지 새로운 개념을 사용하여 과학 의 발전에 관한 기존의 생각과 다른 생각을 제시했다. '정상과학'(normal science), '패러다임', '전문 모체'(disciplinary matrix), '문제 풀기'(puzzle solving), '위기에 있어서 과학'(science in crisis), '과학혁명'(scientific revolution) 등이 그것이다. 우선 이들 개념에 관한 쿤의 설명을 이해한 뒤에 그의 과학사회학의 특징을 살펴보기로 한다.

정상과학과 패러다임

우선 정상과학이란 특정한 과학공동체(scientific community)가 일정 기간 동안 과거의 과학적 업적을 받아들여 그것을 기초로 한층 발전시킨 것이다. 예를 들면 아리스토텔레스의 『자연학』, 프톨레마이오스의 『알마게스트』, 뉴턴의 『프린키피아』와 『광학』, 프랭클린의 『전기학』, 라부아지에의 『화학원론』, 라이엘의 『지질학』 등이 있다. 이런 고전은 얼마 동안 후세 연구자들에게 연구 분야의 정당한 문제와 방법을 정하는 역할을 했다.

정상과학은 사실이나 이론의 변혁을 목적으로 하는 것이 아니다. 정상과학으로 문제를 해결하는 것은 "예측하고 있는 결과를 새로운 방법으로 얻는 것으로, 모든 종류의 복잡한 장치적, 개념적, 수학적인 문제를 풀어내는 것이다." 그리고 이러한 연구는 사실의 측정, 사실과 이론의 조화, 그리고 이론의 정비 등 세 가지 내용을 가지고 있다. 하지만 그것은 새로운 이론의 창조가 아니다.

'패러다임'은 아리스토텔레스나 뉴턴의 업적처럼 "대립, 경쟁하는 어떤 과학 연구 활동을 포기하도록 만들며, 그것을 지지하는 열성적인 그룹을 만든다.”라는 특징과 “그러한 업적을 중심으로 재구성된 연구 그룹에게 해결해야 할 모든 종류의 문제를 제시한다.”라는 특징을 지니고 있다. 쿤은 ‘법칙, 이론, 응용, 장치를 포함한 과학 연구의 예제(examples)가 되는 것, 즉 일련의 과학 연구의 전통을 만드는 모델이 될 수 있는 것’을 패러다임이라는 말로 나타냈다. 일반적으로 패러다임이란 인정받고 있는 모델이라든가 형(型)으로서, 쿤이 앞서 말한 정상과학적 연구란 패러다임으로 뿌리를 내리는 연구이다. 따라서 정상과학의 연구는 패러다임으로 이미 주어진 현상이나 이론을 정돈하는 일로서, 패러다임이 결정되면 연구 제목으로 무엇을 선택하고, 문제를 해결하기 위해서 어떤 연구 방법을 사용하는가가 결정된다.

그런데 패러다임은 연구자가 한 분야를 배우는 데 중요한 의미를 지닌다. 학생은 패러다임을 배워 과학자 집단의 멤버가 되기 위한 준비를 한다. 또 공통된 패러다임에 바탕을 두고 연구하는 과학자는 연구 활동에 대한 동일한 규칙, 기준을 따른다. 이러한 위임과 그것으로부터 생기는 명백한 의견의 일치가 정상과학의 존속, 발전을 위한 필요조건이다. 이처럼 연구자는 사회화, 교육 과정을 통해서 패러다임을 획득해 가며, 패러다임을 공유하는 연구자는 연구 활동에 대한 같은 규칙, 같은 규준을 채용한다.

이처럼 패러다임은 연구자의 교육과 전통적인 연구 활동의 지속을 위한 것이다. 패러다임은 연구자가 되기 위한 학습의 전제이고, 과학 연구자가 이용하는 문제 해결을 위한 규칙이며, 과학 연구자가 공유하고 있는 가치, 신념, 테크닉의 총체이다. 결국 패러다임에는 학습적·교육적 의미와 논리적·방법적 의미, 그리고 사회적·집단적 의미 등 세 가지가 있는 셈이다.

패러다임에서 전문 모체로

쿤이 말하는 패러다임의 설명에는 애매한 점이 많고 뜻도 여러 가지이다. 그 때문에 쿤도 1969년의 개정판에서 패러다임이라는 말을 '전문 모체'라는 말로 대신 사용했다. 그에 의하면 패러다임이라는 말은 두 가지 다른 의미로 사용된다고 한다. 하나는 '어느 집단의 구성원에 의해서 공통으로 지지되는 신념, 가치, 테크닉 등의 전체적 구성'을 말하고, 다른 하나는 '그 구성 중의 한 가지 요소, 모델이나 예제로 사용되는 등 구체적인 문제 해결을 나타내는 것으로 정상과학의 미해결 문제를 해결하는 기초로 자명한 규칙으로 대신하는 것'이다.

전자의 의미는 사회학적이고, 후자의 의미는 철학적이고 논리적이다. 전자의 의미에서 보면, 패러다임은 '과학 공동체의 구성원이 공통으로 지니고 있는 것이며, 역으로 과학 공동체는 패러다임을 공통으로 가진 사람으로 구성된다.'라는 순환적 관계이다. 즉 과학 공동체는 과학적 전문 영역(scienctific speciality)에 종사하는 사람들로 구성된다. 그 특징은 공통되는 교육과 전문적인 기초를 받아들이는 데 있다. 이 과학자 집단에서도 학파 사이의 경쟁 상태는 있지만 그 경쟁 상태가 보통 급속하게 끝나며, 구성원은 공통된 목표로 향하고 커뮤니케이션도 별문제가 없다.

과학자 집단의 수준으로 규모가 가장 큰 것은 모든 자연과학자의 집단이 있다. 그것보다 낮은 수준에서는 물리학자, 화학자, 천문학자 등 주요한 직업과학자 집단이 있다. 여기서 더 내려가면 유기화학자 그룹, 그리고 그 안에서 단백질 화학자 그룹으로 나뉘어져 100명, 아니면 그 이하의 구성원의 집단이 된다. 이런 종류의 집단이 과학 지식의 생산자, 그리고 타당성 승인자의 단위이다. 패러다임이란 이와 같은 그룹 구성원이 공통으로 가지고 있는 신념, 가치, 테크닉의 총체이다.

앞에서 지적했듯이, 패러다임은 소수의 구성원으로부터 구성된 집단이 공통으로 가지는 신념, 가치, 테크닉의 총체로서, 이러한 집단은 다수 존재하므로 그에 따라서 패러다임도 다수 있다고 볼 수 있다. 그러나 이러한 하위 집단의 패러다임과 전문과학자 전체의 패러다임과의 상호 관계, 중층 관계가 어떻게 되어 있는가는 아직 해결되지 않은 문제이다.

쿤이 사용한 패러다임은 그 자신이 인정한 것처럼 모호하다. 이를테면 뉴턴의 법칙은 패러다임일 수도 있고, 때로는 패러다임의 부분일 수도 있으며, 또한 패러다임적이라고도 할 수 있다. 이처럼 모호한 점을 해결하기 위해서 그는 개정판에서 '전문 모체'라는 말을 사용할 것을 제안했다. 그는 그 요소로서 기호적 일반화(symbolic generalization), 모델, 예제, 가치 등 네 가지를 들었다.

기호적 일반화란 f=ma라는 기호적 형식으로 표현된 것이다. 이것은 '원소는 질량의 정비례로 결합한다.'와 같은 말로 표현되며, 법칙으로나 기호의 정의로서 나타난다. 모델이란, 예를 들어 '열은 물체 구성 부분의 운동에너지'와 같은 공통으로 채용되고 있는 생각을 말한다. 쿤은 이러한 입장의 채용이 특정한 모델에 대한 확신이라고 한다. 모델은 발견 지침적인 것부터 실체론적인 것까지 다양하지만, 모델의 기능은 같아서 연구 집단이 무엇을 설명하고, 또한 문제의 해답으로서 무엇을 받아들일 것인가를 결정한다. 이와 반대로 미해결된 문제의 표를 작성하고, 그 중요도를 평가하는 데 도움을 준다. 또 '예제'란 학생이 과학자가 되기 위한 교육을 받을 때 처음 맞이하는 구체적인 문제의 해답이다. 끝으로 '가치'는 기호적 일반화나 모델과 수준이 다르다. 그것은 집단 사이에 널리 공통된 것으로, 과학자 집단 전체에 보여지는 논리의 일관성, 단순성, 설득성 등과 같은 집단적 감각성(a sense of community)을 제공한다.

쿤은 이러한 가치로서 정확성(accuracy), 적용 범위(scope), 단순성(simplicity), 생산성(fruitfulness), 일관성(consistency)을 들고 있다. 쿤은 패러다임 선택의 규준으로서 처음에는 관계자의 집단적 동의를 내세웠으나, 이후의 논문에서는 서로 다른 집단 사이에 널리 공통되는 가치를 끌어냈다. 그리고 개정판에서는 가치를 전문 모체의 요소의 하나로 꼽았고, '패러다임 재고'에서는 가치를 구성 요소로부터 몰아내고, 기호적 일반화, 모델, 예제만을 허용했다.

패러다임의 변혁과 과학혁명
다음으로 '문제 풀기'란 패러다임에 의해서 주어진 규칙에 따라서 구체적인 문제를 해결하는 작업을 말한다. 과학 공동체가 패러다임으로부터 얻는 것 중 하나는 문제 선택의 규준이다. 패러다임이 받아들여지려면 그것이 제공하는 문제가 풀이(solutions)된다고 하는 것을 전제해야 한다. 과학 공동체가 인정하는 충분히 의미 있는 문제는 대부분 이런 종류의 것으로 한정되어 있으며, 다른 문제는 형이상학적인 것이거나 아니면 다른 학문에 관한 것으로 배척된다. 그리고 패러다임은 과학 공동체를 사회적으로 중요한 문제로부터 분리시킨다. 왜냐하면 사회적인 문제는 패러다임이 주는 개념이나 장치로는 나타낼 수 없고, 과학 문제 유형으로 고칠 수 없기 때문이다.

'위기에 있어서 과학'은 정상 문제를 잘 해결할 수 없을 때 나타난다. 코페르니쿠스의 『천구의 회전에 관하여』의 서문은 기술적인 문제 해결이 뛰어나지 못한 과학의 위기 상태를 보여준 한 가지 예이다. 라부아지에가 공기에 관한 실험을 시작할 무렵까지 연소설에 관하여 여러 가지 해석이 있었던 것은 위기의 징조이고, 맥스웰 이론이 뉴턴 이론으로부터 출발했으면서도 그 패러다임을 위기까지 몰고 갔다. 이와 같이 위기는 새로운 이론의 출현에 필요한 전제 조건이 된다.

그렇다면 어째서 위기 상태가 혁명으로 변하는가. 쿤은 이를 설명하는 데 변칙 카드놀이의 심리실험을 예로 들고 있다. 보통 카드에 변칙카드를 조금씩 섞어 늘려가면 처음에는 그것에 신경을 쓰지 않지만, 점차 그것에 깊이 신경을 쓰게 된다. 과학에서도 혁신적인 것에 처음에 관심을 갖지 않지만 점차 관심을 갖게 된다. 요컨대 변칙성에 신경을 곤두세우는 것이 이론의 변혁의 전제가 된다. "과학자는 기성의 패러다임에 대한 신뢰를 잃고 이에 대신할 것을 생각하기 시작하지만, 원리를 이끌어 낸 기성의 패러다임을 포기하지는 않는다." 그러나 변칙성 그 자체가 과학자에 의해서 일반적으로 인식되면 위기로부터 다시 이상과학(extraordinary science)으로 이행하기 시작하고 새로운 패러다임으로의 이행이 일어난다.

'과학혁명'이란 이처럼 새로운 패러다임으로의 이행에 의한 패러다임의 변화이다. 요컨대 과학혁명이란 한 개의 패러다임으로부터 다른 패러다임으로의 혁신적인 변화이며, 전문가에게 공통된 기본적 전제를 뒤엎는 세계관의 변혁이다. 따라서 쿤은 과학이 집적적이고 누적적인 형태로 발전하는 것이 아니고, 정상과학→위기→과학혁명→정상과학이라는 순환적이고, 불연속적으로 발전한다고 주장했다. 과학은 누적적으로 발전하는 것이 아니라는 점에 관하여 쿤은 "낡은 패러다임의 단계를 지나면 모든 이론이나 대부분의 새로운 종류의 현상을 포함해서 설명하기 위하여 지금까지의 패러다임을 파괴해야 하므로 과학상의 대립, 학파 사이의 싸움이 벌어진다."라고 지적했다. 그러므로 쿤의 경우 예측하지 못했던 혁신성이 누적되어 과학이 생기는 일은 과학의 발전 법칙상 있을 수 없다.

쿤은 이상과 같은 여러 개념을 이용하여 과학사회학의 새로운 모델을 만들어 냈다. 그것은 다음과 같은 특징을 지니고 있다. 그는 과학사회학의 대상을 과학자나 연구자의 개인적 수준에서 찾지 않고 과학자 공동체에서 찾고 있다. 과학자 공동체는 패러다임을 공유하는 연구자의 집단으로 연구자는 교육, 학습 과정을 통해 이 패러다임을 습득해 간다고 말한다. 또 그는 패러다임의 요소는 기초적 일반화, 모델, 예제, 가치로서 이것들은 문제 풀기를 위한 문제를 설정하고, 이를 풀어내는 방법에 관한 카테고리를 주고 있다. 따라서 패러다임은 과학자의 연구 활동을 지향하게 하고, 규제하는 기능을 가짐과 동시에 어떤 방법으로 문제를 풀어가는가를 규정하는 기능을 지닌다. 이것을 과학자의 행동과 사고의 기준이 되는 이론적 부류라 말하고 있다.

그러나 정상과학의 이론과 문제가 잘 일치하지 않고 어딘가에 이론적 어려움이 생기고, 기존의 패러다임으로는 설명이 통하지 않는 변칙성이 생긴다. 그리고 이 변칙성이 축적되면 패러다임에 위기가 찾아오고, 이 변칙성을 설명할 수 있는 이론이 생길 때 새로운 패러다임이 탄생한다고 주장했다. 그리고 낡은 패러다임으로부터 새로운 패러다임으로의 전환을 '과학혁명'이라 했다. 신구 두 개의 패러다임에서 과학 공동체는 그 분야에 관한 사고 방법과 목표를 완전히 바꿔 버리고, 두 개의 패러다임 사이의 용어나 개념도 단일한 단위로서 논의되지 않는 공약 불가능(incommensurable)이 되어, 커뮤니케이션이 서로 통하지 않게 된다. 이러한 상황에서 과학자는 서로 다른 언어 집단의 구성원임을 인정하는 위에서 번역자가 된다.

요컨대 과학은 누적적으로 발전하는 것이 아니라, 낡은 패러다임과 전혀 다른 새로운 패러다임이 탄생하여 비연속적으로 발전한다. 그것은 점진적이 아니고 정치혁명처럼 변혁적이지만, 단일의 패러다임에 있어서 발전이라는 모습을 취한다.

머튼과 쿤

이상과 같은 특징을 지닌 쿤의 이론과 머튼의 이론을 비교하면 다음과 같이 여러 가지 점이 서로 다르다.

첫째, 머튼의 에토스는 과학자의 행동, 태도, 의식을 구속하는 윤리적 규범이며 제도적 명령이다. 그것은 과학자를 내측으로부터 일정한 행동으로 밀어 움직이게 하는 기동력으로서 도덕적 색채를 띠고 있다. 이에 대해서 쿤의 패러다임은 과학자의 전문적 교육으로 얻는 지적 테두리이고, 교과서나 강의, 실험 지도 등의 교육으로 습득하는 지적 규칙·규준이다. 따라서 사회학적·인식론적 의미만을 가지며 도덕적·윤리적 색채를 지니고 있지 않다. 그것은 과학자가 동료와 함께 공유하는 사회적 규준이고, 연구 활동에서 문제의 선택이나 문제 풀이, 평가에서 지켜야 할 규칙으로서 논리적 의미를 지니고 있다.

둘째, 머튼의 에토스는 과학의 일반적, 추상적인 가치 규범으로 제도화된 과학이 존재하는 곳에서는 보편적으로 나타난다. 하지만 쿤의 패러다임은 과학자가 일정 기간 연구를 전개하는 규준으로서 역사적, 시간적, 구체적 개념이다. 예를 들면 물리학이나 광학의 패러다임은 뉴턴의 이론에 처음으로 나타났고, 수학, 천문학처럼 더욱 긴 역사를 지닌 경우도 있다. 유전학처럼 최근에 이르러 겨우 일반적으로 받아들여지는 패러다임도 있다. 즉 패러다임은 시간적, 개별적 구체적인 개념이다.

셋째, 에토스는 패러다임과 마찬가지로 과학 공동체와 관련된 개념이지만, 머튼의 경우 화이트리가 지적한 것처럼 과학의 에토스는 블랙박스이다. 즉 과학 공동체에 의한 인지, 평가라는 자극에 대해서 연구 성과를 산출한다는 단순한 관련성을 설명하는 데 머물고, 과학자의 연구 활동의 동기나 연구 업적과의 관련성과 같이 메커니즘의 분석을 소홀히 하고 있다. 그러나 쿤의 이론은 과학 공동체가 가지는 패러다임이 과학자의 연구 활동과 인식 구조에 영향을 준다고 보고, 이 경우에 과학 공동체와 과학의 인식 구조가 연구 활동을 설명하는 요소로 도입되고 있다. 동시에 그것은 정상과학과 패러다임의 전환이라는 두 개의 측면에서 얻고 있다.

넷째, 머튼은 규범과 그에 대한 동조라는 점에서 연구 활동을 정체적으로 취급하고 있다. 이에 반하여 쿤의 모델은 과학 활동의 동적 과정을 분석하고 패러다임의 위기를 매개로 과학의 다이내믹한 발전을 과학 내부로부터 취급하고 있다. 쿤은 과학이란 연속적, 누적적으로 발전하는 것이 아니고, 정상과학에 대한 패러다임의 혁신을 통해서 비연속적으로 발전한다고 보았다. 그것을 정치혁명 혹은 종교적 개종과 비슷한 것으로 취급했다. 또 머튼이 과학 집단의 유지, 존속의 측면을 중시한 데 대해서 쿤은 과학의 발전이 패러다임의 위기를 매개로 계속한다고 보았다. 바꾸어 말하면 머튼은 제도로서의 과학에서 동조와 이탈을 문제 삼았고, 쿤은 아노미 상태에서 패러다임 전환으로서의 과학의 동태를 혁명적 발전으로서 취급했다.

다섯째, 머튼에게 과학사회학의 대상은 사회 제도로서의 과학 일반으로 능력이 있는 사람들, 특히 학회를 중심으로 한 과학 공동체였다. 이에 대해서 쿤의 과학사회학의 대상은 주로 물리학을 중심으로 한 개별적인 과학의 전문 영역으로 패러다임을 공유하는 집단으로 과학적 전문 분야에 종사하는 사람들이었다.

이처럼 쿤은 머튼과 다른 관점에서 과학자의 연구 동기, 과학자 집단의 구조와 기능, 과학적 방법, 과학적 지식의 테두리 및 그의 변화를 밝히려 했지만, 그것은 몇 가지 문제점을 안고 있다.

쿤의 이론에 대한 비판은 우선 과학철학 쪽에서 나왔다. 포퍼는 쿤이 낡은 패러다임으로부터 새로운 패러다임으로의 이행을 논리적 관점에서가 아니라, 심리적이고 사회적인 관점에서 설명하고 있다고 비판했다. 포퍼에게는 논리야말로 최고의 것으로, 과학 연구의 과정에 논리 구조 이외의 사회적 요인이 개재되는 것은 비합리적이었다. 포퍼는 정상과학 내에서 준비되는 합리적인 과학 활동과 한 개의 패러다임으로부터 다른 패러다임으로 비합리적인 종교적인 개종 현상과 같은 과학 활동은 구분되어야 한다고 주장했다. 포퍼주의자들은 과학이 항상 혁신적, 진보적으로 발전한다는 쿤의 정상과학→위기의 과학→과학혁명→정상과학이라는 비연속적 발전의 입장에 반대하고 정상과학으로 일관하는 과학을 진보적 과학으로 보았다.

이상은 철학적 입장에서의 비판이지만, 패러다임의 개념에 관한 문제, 과학 공동체에 관한 문제, 쿤의 이론 속에서 과학에 대한 취급의 문제, 이론에서 과학을 둘러싼 사회적·문화적 요인 분석의 결여 문제, 과학혁명에 관한 문제 등이 비판의 대상으로 올라 있다.

쿤은 머튼과 많은 점에서 의견을 달리하고 있다. 쿤의 이론 자체에는 애매한 점이 있지만, 어쨌든 그는 현대에 과학사회학 연구의 한 가닥 큰 줄기를 형성해 놓았다. 머튼과 쿤은 과학사회학 전개에 있어서 양대 산맥이라 할 수 있다.

비판적 과학

머튼학파를 중심으로 한 과학사회학은 보상 체계, 과학자의 사회 계층, 커뮤니케이션망 등의 연구를 매개하는 학계의 구조와 기능의 수량적, 실증적 해명을 하고 있다. 그러나 여기에서 약간 벗어난 다른 유파도 있다.

이미 기술한 바와 같이 초기의 외적 접근으로 머튼의 논문 「17세기 영국의 과학, 기술과 사회」 및 헤센의 논문 「뉴턴의 『프린키 피아』의 사회적·경제적 기원」이 있다. 전자는 17세기 영국의 과학 발전을 가능하게 한 사회적 조건을 다루었고, 후자는 17세기에 출현한 『프린키피아』가 과학 자체의 내적 논리에 이끌렸던 고고한 천재의 산물이 아니라, 오히려 부흥하고 있던 영국의 부르주아지의 필요성에서부터 탄생한 결과라는 사실을 증명했다. 머튼의 수법은 베버류, 헤센의 수법은 마르크스류라는 대조적인 미묘함이 있지만, 외적 접근에 앞장섰다는 공통점이 있다. 머튼은 그 후에 이 방향에서의 연구를 심화하기보다는 과학과 사회의 중간 위치인 학계(과학자 집단)에 주목하여 이상적 규범을 구축하고, 그 범위에 한정한 과학사회론을 전개했다.

머튼류의 '구조·기능론'적 과학사회학에 대해서 비판적 입장 또는 대전환을 추구한 견해를 제기한 것은 쿤의 『과학혁명의 구조』이다. 머튼 및

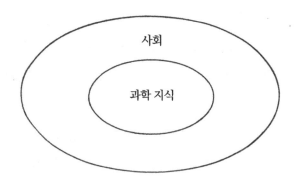

과학 지식과 사회의 직접적 관계

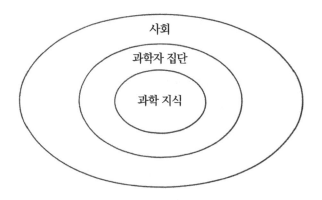

과학자 집단에 의해서 매개된 화학 지식과 사회의 관계

머튼학파가 과학(지식)과 학계의 상호 관계를 사상(捨象)하여 오로지 학계를 대상으로 한 연구를 전개한 데 대하여, 과학사가 쿤은 과학 내용론을 바탕으로 과학 지식이 학계에서 어떻게 평가되는가를 대상으로 '인식론'적

과학사회학을 전개했다.

한편 머튼과 쿤의 과학사회학 이론에 또 다른 비판이 시작되었다. 즉 현대 과학이 직면하고 있는 위기를 지적하고 있다. 그것은 근대과학 자체를 근본적으로 묻는 개념으로서 인식론적 내적 접근과 과학의 사회적 맥락을 묻는 외적 접근의 결합으로서 과학 비판, 학계 비판으로 이어졌다. 실례를 들면, 라베츠는 '아카데미즘 과학', '산업화 과학', '비판적 과학'이라는 세 가지 계열적 과학 발전의 방향을 제시하고 있다. 과거처럼 과학이 사회를 초월하고 과학자는 과학에 몰입하여 과학을 발전시키는 것, 즉 인류의 진보에 직접 연관된다는 성격을 지닌 과학을 아카데미즘 과학이라 한다면, 그 시대가 지나고 과학 내부에서 거대한 관료제화가 진행되어 산업사회와 과학이 유착되면 현저한 '산업화 과학'이 현대를 지배한다. 여기서부터 과학의 부패를 부추기고 사회에 대한 파괴성을 강하게 내보이는 인간성 상실의 '산업화 과학'을 대신하는 과학이 나오는데 라베츠는 인간적 가치를 중추에 다 둔 새로운 '비판적 과학'(critical science)을 주장하고 있다.

라베츠를 포함한 영국의 비판과학의 움직임은 앞에 말한 헤센의 논문, 또는 버널의 『과학의 사회적 기능』(1938) 등 '과학의 사회사'의 흐름을 계승하면서 이를 극복하려는 움직임으로 볼 수 있다. 로즈 부처의 '급진적 과학'(radical science)도 같은 맥락의 과학 비판이다. 이 이외에도 브룸, 바이가르트 등에 의한 과학관의 패러다임의 전환을 지향하는 움직임이 있다.

기성과학의 비판은 '반과학론', '대항문화론', '비판적 과학론' 등의 형태로 출현하고, '인간 봉사의 과학', '서비스 과학'이 주장되고 있다. 기성

과학 비판은 과학의 혼미를 지적하고 새로운 패러다임을 모색하기 위한 움직임이다. 과학사회학의 입장에서 보면, 머튼이 선도한 과학사회학이 과학사가 쿤이 제기한 인식론이나 내적 접근의 소신으로 발전해 온 과학사회학의 동향과 어떤 형태로 연결될 것인가가 이후의 과제이다.

산업사회와 대학의 관계가 밀접한 현대에는 초기의 근대 대학이 지닐 수 있었던 순수과학을 기반으로 한 아카데미즘 과학의 성격이 점차 퇴색하고 있다. 라베츠가 말한 산업화 과학, 프라이스가 말한 '빅사이언스'의 시대로 돌입하고 있다. 따라서 대학에서 제도화된 과학만을 대상으로 연구할 것이 아니라 과학사회학이 사회와 과학에 관한 학문인 이상, 이러한 과학을 둘러싼 성격의 변화에 대해서도 충분한 연구가 요청된다.

아카데미즘 과학이 산업화 과학과 결합하고 오히려 침식되기 시작한 현대 상황 속에는 순수과학과 응용과학, 과학과 비과학(non science)의 구별은 더욱더 애매하고, 과학의 전문가와 비전문가가 동시에 과학에 연결되는 경향이 증가하고 있다. 아카데미즘 과학에서 과학은 학문적 수준에 따라서 목표나 보상이 규정되는 데 대해서, 산업화 과학에서 과학은 경영자의 가치관에 의해서 규정되고, 실용성이나 효율성이 중요시되기 쉽다. 이러한 관점에 주목하는 연구가 대두하고 있다.

머튼학파에서는 이러한 움직임을 반영하여 이미 쿤의 이론을 응용한 '과학연구망'에 대해서 많은 연구 성과를 축적했다. 이 관점으로부터의 접근은 위에서 기술한 아카데미즘 과학에 특유한 규범 구조론의 범위를 넘어서 전개될 가능성을 안고 있는 것으로, 아카데미즘 과학과 산업화 과학

을 접속하게 하는 과학사회학이 나오고 있다. 이러한 연구는 머튼학파가
앞장서서 그 실마리를 제공하고 있다.

6. 주커먼과 노벨상의 사회학

머튼의 제자, 여성 과학사회학자 주커먼

미국의 여성 과학사회학자 주커먼(H. Zuckerman)은 컬럼비아대학 사회학과 교수이다. 1958년 밧서대학을 졸업하고 컬럼비아대학에서 박사학위를 받았다. 1960~1965년 컬럼비아대학 사회학과의 연구 조교로 활동하면서 1964~1965년 버너드대학 사회학과 강사를 거쳐, 1965~1972년에 컬럼비아대학 사회학과의 조교수, 1972~1978년에 같은 학교 부교수, 그리고 1978년에 교수가 되었다.

그녀는 미국에서 발행되는 종합 과학 잡지인 『SCIENTIFIC AMERICAN』(1967년 5월호)에 「노벨상의 사회학」이라는 제목으로 논문을 실어 매우 특이하고 새로운 분야를 개척했다. 이 논문은 머튼의 지도로 쓰여졌다. 또 같은 해 『미국 사회학 평론』(American Sociological Review, 32호)에 「과학에 있어서 노벨상 수상자」라는 제목으로 연구 논문을 실었다.

주커먼

이 두 논문은 요컨대 과학사회학에서 계층화(stratification), 엘리트와 평범한 과학자(rank-and-file scientists)의 분리가 어떻게 생기는가라는 주제 하에 노벨상 수상자에 대해서 철저히 분석한 내용이다. 특히 노벨상은 노벨상을 낳고, 엘리트는 엘리트 대학에 모여 있다는 점을 지적해서 과학 연구에서 엘리트의 역할이 매우 중요하다는 사실을 강조했다. 주커먼의 저서 『과학 엘리트』(SCIENTIFIC ELITE, Nobel Laureates in the United States)는 매우 유명한 저서로 각광받고 있다.

주커먼은 과학 분야에서 노벨상 수상자는 결코 어버이로부터 물려받은 세습적 엘리트가 아닌데도 불구하고 1901년부터 1976년 사이에 노벨상을 받은 313명은 사실상 어버이와 관계가 있다고 기술하고, 혈연 혹은 결혼에 의한 관계도 여러 경우가 있고, 그보다도 훨씬 많은 사제지간의 관계가 있다고 주장했다. 특히 과학계의 엘리트들 사이에는 상당한 근친결혼이 있었는데 그것은 생물학적인 변종이라기보다는 오히려 사회학적인 변종이라는 것이다. 과학에 있어서 사제지간이라는 사회적 유대는 지울 수 없는 필연적인 사실로, 젊은 과학자들은 도제 수업 기간에 그 유대가 형성된다. 주커먼은 우선 사교적 근친결혼의 특수한 경우로서 수상자들의 친족 관계와 사회적 유대인 스승과 제자의 관계에 대해서 분석했다.

친족 관계에 의한 유대

1975년까지 노벨상 수상자의 명단에는 아버지와 아들이 수상한 예가 다섯 번 있다. 1975년에 오게 보어(O. Bohr)가 물리학상을 받았는데, 그의 아버지인 닐스 보어(N. Bohr)는 53년 전 오게 보어가 태어난 해에 이미 물리학상을 받았다. 보어 부자 이외에 세 쌍의 부자가 밝혀졌다. 아버지와 아들이 함께 노벨상으로 빛난 첫 번째 예는 기체 내 전기 전도의 연구로 1906년에 노벨상을 수상한 영국 물리학자 톰슨(J. J. Thomson)과 1937년에 결정에 의한 전자 회절 연구로 노벨상을 수상한 그의 아들 톰슨(G. P. Thomson) 부자의 경우이다. 다음도 역시 영국의 물리학자 부자인데 이번에는 부자 공동 연구로 노벨상 사상 유일하게 아버지와 아들이 상을 나누어 받은 예이다. 브래그(W. H. Bragg)와 브래그(W. L. Bragg)는 X선에 의한 결정 구조의 연구로 1915년에 공동으로 상을 받았다. 또 1970년 스웨덴의 생리학자 폰 오일러-켈핀(S. von Euler-Chelpin)이 신경인 펄스 전달의 화학에 관한 연구로 노벨상을 받음으로써 세 번째의 부자 쌍이 탄생했다. 독일에서 태어난 그의 부친 한스 폰 오일러-켈핀(H. von Euler-Chelpin)은 1929년 발효 효소의 화학에 관한 연구로 노벨상을 받았다. 폰 오일러의 경우에는 노벨상 수상의 영광을 선조들이 두 번이나 계속 받았다고 볼 수 있다.

또 한 쌍은 노벨상 연보에서 특이한 예로 혈연 및 혼인 관계로 결합된 네 수상자로 구성되어 있다. 1903년 폴란드 태생의 마리(스크로 드후스카) 퀴리와 그의 남편인 피에르 퀴리(P. Curie)는 (앙리 베크렐과 함께) 방사능의 발견으로 노벨 물리학상을 공동 수상했다. 8년이 지난 후 퀴리 부인은 이번에는 단독으로(그녀의 남편은 이미 세상을 떠났다) 라듐 및 폴로늄의 발견으로 노벨 화학상을 수상했다. 그리고 그로부터 1세대를 거쳐 1935년에 딸 이레느 졸리 퀴리(I. J. Curie)와 그의 남편인 프레드릭 졸리 퀴리(F. J. Curie)가 새로운 방사성 원소의 발견으로 화학상을 나누어 받았다. 이렇게 해서 4명의 퀴리(어머니, 아버지, 딸, 사위)가 모두 5개의 노벨상을 받았다.

또 1973년 네덜란드의 니콜라스 틴버겐(N. Tinbergen)이 생리의학상을 수상함으로써 처음으로 형제 노벨상 수상자가 탄생했고, 가족 관계에 있는 수상자 사이의 유대 종류가 또 한 가지 늘어났다. 그의 형 틴버겐(J. Tinbergen)은 4년 전에 경제학상을 받았다.

매우 적은 수지만 여성 수상자의 경우, 그녀들의 60%가 수상자를 남편으로 하고 있다는 놀라운 숫자가 나왔다. 이에 대해서 남성 수상자로서 수상자를 부인으로 가진 사람은 2%에 불과하다. 그러나 노벨상을 받은 5명의 부인 중 3명이 노벨상을 받은 사람과 결혼했다. 마리와 이레느 두 사람의 퀴리, 그리고 1947년 촉매 작용에 의한 글리코겐의 당으로의 전환에 관한 연구로 칼 코리(C. F. Cori)와 함께 수상한 생화학자 겔티 코리(G. T. R. Cori)이다.

물리학자인 마리 게펠트 마이어(M. G. Meyer)는 물리화학자인 남편 조셉 마이어와 한때 공동 연구를 했으나, 1963년에 그녀가 노벨상을 받은 것은 원자의 각 구조에 관한 그녀의 독립적 연구 때문이었다. 다섯 번째의 가장 신진 여성 수상자인 드로시 크로우 펫트 호지킨(D. M. C. Hodgkin)은 '중요한 화학 물질의 구조의 X선 기술에 의한 결정'이라는 공적으로 노벨상을 받았다. 다른 여성 수상자들과 마찬가지로 호지킨도 과학자와 결혼했고(토머스 호지킨은 인류학자) 수상 당시는 이미 결혼한 후였다.

과학계의 엘리트 사이에 생긴 사회적 상관관계로서 근친결혼은 노벨상 수상에 크게 유리하다. 이 엘리트끼리의 결혼으로 맺어진 총수를 정확히 알 수 없지만, 그것이 상당수에 이른다는 것은 확실하다. 이처럼 뛰어난 과학자들의 가족적 결합의 다양성은 다음에 열거할 몇 가지 예에서도 알 수 있다. 노벨상 수상자가 또 다른 수상자의 딸과 결혼한 경우도 가끔 있다. 1964년에 노벨상을 수상한 독일의 생화학자 페오돌 린네는 1929년 수상자인 독일인 화학자 하인리히 뷰런드의 사위이다. 또한 1954년에 엔더스(J. F. Enders)·토머스 웰러(T. H. Weller)와 함께 소아마비 바이러스의 시험관 내 배양법의 발견으로 노벨상을 나누어 받은 미국의 미생물학자 로빈스(F. C. Robbins)는 여러 효소와 바이러스 단백질의 순수 조정으로 1946년에 동료와 공동 수상한 미국 화학자 노드럽(J. H. Northrop)의 사위이다. 이것은 영미 사이의 국제적 친목을 나타내는 것이기도 하다. 의학 분야에서 노벨상의 영예로 빛난 영국의 약리학자 호지킨(A. L. Hodgkin)은 미국의 노벨상 수상자 라우스(F. P. Rous)의 딸과 결혼했다. 이 경우 장인이 수상한 것은 1966년으로 사위의 수상보다 3년 늦었다. 또 노벨상 수상자 마리 마이어의 사위인 도넛트 웬첼은 우주 물리학자로서 유명한 물리학자 그레골 웬첼의 아들이다.

친족 관계의 유대는 초엘리트의 아이들을 통해서가 아니라 형제를 통해서도 이루어지고 있다. 한 가지만 예를 들면, 1933년의 노벨상 물리학 수상자인 영국의 디랙(P. A. M. Dirac)은 헝가리 태생의 미국인으로 1963년에 물리학상을 받은 위그너(E. P. Wigner)의 여동생과 결혼했고, 위그너 자신은 프린스턴의 동료인 휠러의 여동생과 결혼했다. 휠러는 닐스 보어를 비롯해서 노벨 물리학상 수상자들의 공동 연구자로 유명하다.

그러나 초엘리트 계층에 속하는 과학자들로 인정받는 가장 중요한 계통은 혈연이나 혼인에 의한 친족 관계에 있는 것만은 아니다. 스승-제자의 관계는 물론, 공동 연구자의 선후배 관계를 포함한 사회적 결합이야말로 그들 계통의 유례가 되었다.

사회적 유대, 스승과 제자

1972년까지 노벨상 수상자 92명 중, 그 과반수를 차지하는 48명이 대학원생 아니면 박사학위 취득자거나 아니면 공동 연구자로서 연상의 수상자 밑에서 활동했다. 다음 그림은 톰슨·러더퍼드와 관련된 노벨 수상자의 사제 관계(1901~1972)이다. 괄호 안의 숫자는 수상 연도, P는 물리학, C는 화학 부문이다.

그런데 노벨상 수상자에서 생물학적 유전과 사회적 유전은 근본적으로 다르다. 적어도 아들이 생물학적으로 어버이를 선택하는 길이 불가능한 것처럼, 생물학상의 어버이가 아들을 선택할 수도 없다. 그러나 일반적으로 사회적 영역에서, 그것도 특히 과학이나 교육의 장에서 선택의 자유가 인정된다. 장래가 유망한 학생은 연구를 함께 할 스승을 어느 정도까지 선택할 수 있고, 스승 쪽에서도 연구에 편승한 학생 중에서 제자를 선택할 수 있다. 서로 선별하는 이 선택 과정이 특히 과학계의 엘리트 사이에서 작용하고 있다. 현재와 미래의 엘리트 구성원들이 후에 과학자로서의 자손이나 후예를 선택하는 것과 마찬가지로, 과학자로서 어버이나 선조를 선택할 수 있다.

노벨상의 사회적 유대 관계로서 '5세대'에 걸친 노벨상 수상자의 사제의 연쇄 예가 있다. 이 연쇄는 독일의 빌헬름 오스트발트(W. Ostwald, 1909년 수상)로부터 시작한다. 오스트발트는 독일인 물리화학자 발터 네른스트(W. Nernst, 1920년 수상)를 가르쳤고, 이를 이어받은 네른스트는 미국의 물리학자 로버트 밀리컨(R. Millikan, 1923년 수상)의 교육에 힘을 쏟았다. 밀리컨이 칼텍에 부임하여 가르친 칼 앤더슨(C. Anderson, 1936년 수상)은 그의 제자였다. 그리고 앤더슨은 핵 연구를 위한 포말 상자를 발명한 도널드 글레이저(D. Glaser, 1960년 수상)를 교육했다. 이 5대에 걸친 노벨상 수상의 연쇄는 반세기 이상 지속되었다.

이보다 더 오랜 기간 엘리트끼리 사제 관계를 맺은 역사적 예가 있다. 독일 태생의 영국인 수상자 한스 크렙스(H. Krebs, 1953년 수상)의 과학자로서의 혈통은 그의 스승인 오토 왈브르그(O. Walburg, 1931년 수상)로 거슬러 올라간다. 왈브르그는 1902년 50세 때, 노벨상을 수상한 에밀 피셔(E. Fisher)와 함께 연구했고, 피셔의 스승인 아돌프 폰 베이어(A. von Baeyer)는 70세 때 노벨상을 받았다. 이 네 사람의 사제 관계로 맺어진 노벨상 수상자의 혈통에는 노벨상 탄생 이전까지 소급하는 고유한 선조가 있다. 폰 베이어는 케쿨레(F. A. Kekule)의 제자였다. 케쿨레의 벤젠 구조식의 착상은 유기화학에 혁명을 몰고 왔고, 그는 '꿈속에서 벤젠의 링 구조를 얻어냈다'라는 유명한 에피소드로 잘 알려져 있다. 그런데 케쿨레는 위대한 유기화학자 유스터스 폰 리비히(J. von Liebig)의 가르침을 받았으며, 리비히는 소르

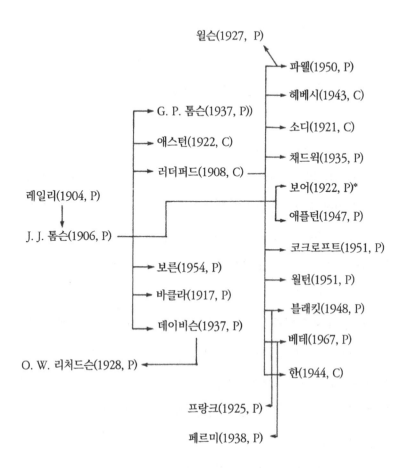

* 보어 자신도 후에 노벨상 수상자를 많이 이 배출한다.
** P: 물리학, C: 화학

톰슨·러더퍼드와 관련된 노벨상 수상자의 사제 관계(1901~1972)

본대학에서 게이-뤼삭(J. L. Gay-Lussac)의 지도를 받았고 그는 또한 클로드 루이 베르톨레(C. L. Berthollet)의 제자였다. 베르톨레는 학문상의 또는 제도 확립 면에서 많은 업적이 있다. 프랑스의 에콜 폴리테크닉(공과대학)의 창립에 노력한 점, 과학 조언자로서 나폴레옹을 따라 이집트에 간 것 등이 알려져 있다. 그러나 가장 중요한 것은 그가 라부아지에(A. L. Lavoisier)와 함께 표준 화학 용어 체계의 개정에 참여했다는 사실이다.

위에서 요약한 사실로부터 노벨상 수상자란 과학계에서 오랜 세월에 걸쳐 내려온 역사적 패턴을 계속하고 있는 존재에 불과하다는 사실을 알 수 있다. 노벨상 수상자의 스승이 손에 들고 있는 출석부는 과학 엘리트를 세계 속으로 불러내는 호령처럼 생각된다. 후에 엘리트의 일원이 된 사람들은 단지 그들의 업적에 의해서만이 아니라, 그들이 스승으로 삼았던 사람의 이름을 통해서 사람들에게 알려진다. 스톡홀름의 수상 기념 강연에서 경제학자인 새뮤얼슨(P. Samuelson)은 "어떻게 해서 나는 노벨상을 받았는가. 나는 그 방법을 여러분에게 알려줄 수 있다. 이를 위한 한 가지 조건은 위대한 스승을 모시는 방법 이외에 없다. 나는 시카고대학 및 하버드대학에서 그 교수 밑에서 배웠던 위대한 많은 경제학자의 이름을 여기서 부를 수 있다."라고 말했다.

정치적 작용이 노벨상 수상자의 근친결혼을 가져온다는 가설은 대개 잘못이다. 노벨상 수상자는 지명 추천자 중에서 소수를 차지하는 데 불과하다. 후보자 지명 추천은 전 세계 과학자들에게 개방되어 있다. 주로 주요 대학과 연구 기관에 있는 과학자이어야 하지만 그 정도가 아닌 중소

기관에도 미치고 있다. 지명 추천자는 초기에는 100명 안팎이었지만, 최근에는 노벨상이 수여되는 3개의 각 분야에서 지명 추천자의 수는 1,000명에 이른다. 노벨상에 특유의 지명·선발의 순서는 어느 의미에서는 노벨상 수상자의 제자들에게 유리할지도 모른다. 그것은 노벨상 수상자들은 영구 지명 추천권을 가지고 있고, 스스로의 견해를 밝히기 위해서 제출하는 보고서에 대해서 경험과 판단력이 있으므로 그들이 추천한 사람이 유력한 후보자로 지명되기 쉽기 때문이다.

7. 프라이스와 연구 활동의 계량적 분석

과학자와 논문의 생산성

현대과학의 한 가지 특징은 그 성장과 발전에서 찾아볼 수 있다. 과거에 과학 연구에 종사한 사람은 매우 한정된 소수의 인원이었다. 그리고 연구 활동도 아마추어들이 앞장섰다. 영국의 과학사가 버널에 의하면 '과학자'라는 이름도 1840년대에 이르러 처음으로 사용되었다고 한다. 그러나 오늘날 세계 전체로 볼 때, 연구 개발 분야에 약 300만 명의 과학 기술자가 종사하고 있으며 매년 1,500억 달러의 연구비가 투자되고 있다. 그 결과 과학은 기하급수적으로 성장하고 동시에 많은 연구 결과가 쏟아져 나오고 있다.

그러나 과학자 한 사람당 생산하는 논문이나 저서의 수에는 커다란 차이가 있다는 사실을 우리는 잘 알고 있다. 그것은 마치 사람들 사이에 소득이나 키 등에서 차이가 있는 것과 같다. 키나 지능 등은 정규 분포에 따르고 있는데, 논문 수의 분포는 어떤 분포에 따르고 있는가. 미국의 통계학자 A. J. 로드카는 한 사람의 과학자가 발표한 논문의 수를 셈하여 그 분포를 조사한 최초의 사람이다.

로드카는 19세기 물리학자의 데이터나 화학 요람(Chemical Abstracts)으로부터 과학자 한 사람당 논문의 분포를 조사했다. 그 결과 논문을 발표한 과학자의 수는 $1/n^2$에 비례한다는 역제곱의 법칙을 주장했다. 다시 말해서 n편의 논문을 발표한 과학자의 수를 $f(n)$이라고 한다면, $f(n)=c/n^2(n \geq 1, c는 상수)$가 된다. 이 식에 따르면 1편의 논문을 발표한 과학자가 100명 있다고 한다면, 2편의 논문을 발표한 사람은 25명, 3편의 논문을 발표한 사람은 11명 있다는 결론에 이른다.

여기서 밝혀진 것처럼 많은 논문을 발표하는 과학자의 수는 n이 크면 클수록 급격히 적어진다. 그리고 많은 논문을 발표한 사람은 셀 수 있을 정도에 불과하다. 그러나 이러한 엘리트 과학자의 다른 쪽에는 무명의 많은 과학자 무리가 있다. 로드카 법칙은 한 편의 논문만 발표한 과학자가 전체의 약 66%를 점유하고 있다는 사실을 밝혀주었다.

이보다 뒤늦게 1944년에 영국의 생물학자 윌리엄스(C. B. Williams)는 생물학상의 종의 분포를 잘 나타내주는 대수 급수 분포가 영국의 생물학자의 생산성 분포에 잘 적용된다는 사실을 보고했다. 유명한 통계학자 피셔도 1943년에 대수급수표를 새롭게 제출했다. 그는 이를 과학자의 논문 생산성에 응용했다. 경영학자 H. 사이몽은 1955년에 과학 생산성의 분포 이외에 문장 중 단어 사용 빈도의 분포, 도시 인구 분포, 소득 분포, 생물학상의 종의 분포 등 넓은 범위의 분포를 기술하고 설명할 수 있는 분포 함수를 유도했다. 1957년에 트랜지스터 발명자의 한 사람인 쇼클리(W. B. Shockley)도 미국의 큰 연구소와 유명한 대학 물리학자의 생산성이 대수 정규 분포에 따른다고 주장했다.

이 무렵까지 과학의 생산성 분포는 이처럼 생물학자나 물리학자가 포함된 여러 분야의 사람들에 의해서 논의되었다. 그런데 그들은 대개 각 분야에서 뛰어난 업적을 올린 일류 과학자라는 사실이 주목된다. 그중에 노벨상 수상자도 두 사람(사이몽과 쇼클리)이 있다. 그러나 그들의 대부분의 연구는 중요한 연구를 이룩한 후에 얻은 결과이다. 따라서 그들의 연구는 산발적이고 논문에 대한 지식이나 검토가 충분하지 않은 상태에서 수행된 것이라는 평가이다.

과학자와 논문의 생산성에 관한 연구는 1960년대 과학사회학자로서는 처음으로 프라이스가 이 문제에 본격적으로 손을 대기 시작했다. 그의 저서 『왜소과학, 거대과학』 중에서 실제 과학의 생산성 데이터에서 $f_{(n)}$의 값은 논문 발표수 n이 증대함에 따라서 로드카의 역제곱 법칙이 나타내는 것보다도 적다고 비판하고 새로운 이론을 제안했다.

$$F_{(n)} = k \left(\frac{1}{n} - \frac{1}{(n+a)} \right) \quad (n \rangle 1, k와 a는 정수)$$

여기서 $F_{(n)}$은 n편의 논문을 발표한 과학자의 누적수이다. 분명히 로드카의 역제곱 법칙은 n이 클 때는 추정값이 과대하게 계산되는 경향이 있다. 프라이스는 1976년에 새로운 누적적 우위 분포라는 생산성의 확률 분포를 유도했는데, 이 누적적 우위 분포는 사이몽의 분포 함수와 실질적으로 같았다.

연구 활동의 양적 확대와 가속화

오늘날 과학 연구자의 수가 증가하고 그 활동이 증대함에 따라서 과학 연구가 양적으로 확대되고 거대화되어 가고 있다. 따라서 연구 활동 전체를 첫째, 양적 확대와 그의 가속화, 둘째, 과학의 거대화로 나누어 생각할 수 있다. 과학의 양적 확대에 대해서 무엇을 지표로 삼는가에 관해서는 엇갈린 이론이 있지만, 대개는 연구 활동에 종사하는 사람의 머릿수, 연구 개발비, 과학 연구 정보량의 증가 등을 지표로 삼고 있다.

프라이스는 연구 활동의 계량적 분석으로 과학의 성장을 실증적으로 연구했지만, 과학의 지수적 증가와 거대과학의 구별을 명확하게 하고 있지 않다. 거대과학은 분명히 연구 활동의 양적 확대지만, 그것은 국책이라는 이름의 국가적 목표 위에서의 과학 기술의 조직화로서 과학과 정부, 과학 정책, 사회적 기술의 문제와 밀접하게 관계를 맺고 있다. 프라이스는『왜소과학, 거대과학』의 서문에서 과학의 성장, 양적 확대, 가속도화에 관해서 과학을 기체에 비유하고 있다. 즉 분자의 크기, 여러 분자의 속도 분포, 분자 간의 상호 작용을 과학의 정치적, 사회적 성질에 비유하고 있다. 그는 연구의 규모에 관해서 10~15년만에 두 배가 되는 경향이 있다고 분석하고, 그 결과 1660년대부터 지금까지 과학의 규모는 비약적으로 증가했다고 결론을 내렸다. 그리고 세계 전체로 볼 때, 발표된 과학 논문은 1963년 당시에 600만 종이었고, 해마다 적어도 약 50만 종의 속도로 증가하고 있다고 지적했다.

과학의 이와 같은 성장은 분명히 연구비의 비약적인 증대, 과학자의 증가, 연구 정보의 범람 등에서 볼 수 있다. 당연한 것은 그 성과를 낳는 토양이 각 국가마다, 사회마다 다르다. 따라서 과학의 양적인 측면에서의 성과는 이를 길러내는 역사적, 사회적, 문화적 배경 등을 고려하지 않으면 안 된다.

.

선진국과 후진국의 과학 생산성

특히 중요한 것은 지금까지 현대과학의 성장은 주로 선진국에서 이루어졌고, 개발도상국은 성장의 기회를 갖지 못했다는 점이다. 개발도상국의 경우 정치적·경제적 구조, 지리적·자원적 조건, 자원 개발의 능력, 교육 연구 기관 수, 문맹률, 운송·교통 시스템의 정비 등의 부족과 열악화가 과학 기술의 발달을 저해하는 요인으로 지적되고 있다. 그리고 선진국의 과학 기술의 발달, 그 자체가 위와 같은 저해 요인과 맞물려 양자의 격차가 점차 확대되어 가고 있다.

연구비와 과학 기술자의 수를 보더라도 1970년대 초기에 미국, 러시아, 독일, 일본, 프랑스, 영국의 6개국이 세계 연구 개발비의 약 85%를 차지하고, 과학 기술자 전체의 약 70%를 고용하고 있다. 반면에 아프리카, 아시아, 라틴 아메리카 등 개발도상국의 연구 개발 투자액은 세계 전체의 약 3%에 이르지 못하고, 과학 기술자의 13%를 고용하는 데 지나지 않는다. 이것을 1인당 지출액으로 따져 보면, 1979년 미국에서 200달러인데 반해서 라틴 아메리카, 아시아의 가난한 국가에서는 1인당 1달러 이

하이다. 또 취업자 100만 명에 대한 연구 개발 종사자는 선진국에서 거의 4,000명에 이르지만 개발도상국에서는 약 300명이다.

이처럼 부자 나라와 가난한 나라의 격차는 머튼이 말하는 마태 효과를 국제적으로 증대시키고, 개발도상국 측의 경제 발전에서 부적절한 기술 도입의 의존도를 다시 확대시키는 경향이 강하게 나타나고 있다. 따라서 개발도상국은 선진 여러 국가의 과학 기술에 종속되고, 과학 기술이 불평등과 착취의 도구로 변해 가고 있다. 더욱이 다국적 기업의 기술력이나 자본 집약적 과학 기술은 제3세계의 가난한 사람들을 위해서가 아니라 선진 여러 국가의 기업과 국민의 이익을 위해서 이용되고 있으며, 소수의 부유한 국가나 사람들의 특권을 지키고 유지하기 위하여 도착된 모습으로 봉사하고 있다.

국제 관계의 문제는 그 내용이 복잡하고 넓은 범위에 걸쳐 있기 때문에 과학사회학은 이러한 문제에 대한 연구를 거의 성취하지 못하고 있다. 그러나 이후 기술 이전(transfer of technology)과 과학의 전파, 문화의 전파, 과학의 보급, 과학 정보의 교환, 초등·고등 교육의 보급, 전문 연구자의 교류 등과 같은 다양한 문제로 접근해 갈 필요가 있다. 이를 위해서 문화 인류학, 생태학, 지리학 등 여러 분야와 공동 연구를 추진해야 할 것이다.

제2부

19세기 과학의 제도화

1. 과학 공동체의 형성과 전개

프랜시스 베이컨의 '지혜의 집'

17세기 과학혁명은 단지 과학 지식의 내용상의 혁명으로만 끝난 것이 아니다. 이 과학혁명기를 통해서 과학이 조직된 사회 활동으로서 나타났다. 미국 프린스턴대학의 과학사 교수인 길리스피(C. C. Gillispie)가 "과학은 협력, 정보 교환, 후원의 필요성에서 그 사회적 성격을 발전시켜 왔다."라고 말한 것처럼, 근대에 들어와 과학이 전례 없이 눈부시게 발달한 요인의 하나는 각 개인의 연구가 사회적으로 조직된 데 있었다. 즉 근대적인 과학학회가 17세기 이탈리아와 영국, 그리고 프랑스에서 탄생하고, 그 후 독일과 러시아 그리고 미국으로 퍼져나갔다.

영국의 철학자 프랜시스 베이컨은 유용한 과학 기술을 장려하는 것은 국가의 임무이지만 과학학회는 민간 주도가 되어야 하고, 나아가 자치적으로 운영되어야 한다고 강조했다. 그는 다수의 사람들을 모으고 우대하면서 이들을 결속시키는 일이 중요하다고 역설했다. 나아가 그들로 하여금 기술과 산업의 발전을 촉진시키면서, 한편으로는 그들의 재능이 교류되도록 해야 한다고 피력했다. 이리하여 과학 분야에서는 '진리 탐구에서의 상호 협조'라는 경향이 짙어져 갔다. 당시 대학에서는 낡은 스콜라 철학이 지배적이었으므로 새로운 과학 연구를 희망하는 사람들은 대학 밖에서 연구 단체를 조직하려는 움직임이 활발했다.

프랜시스 베이컨의 정신은 1627년에 출판된 『새로운 아틀란티스』라는 유토피아 이야기에 잘 나타나 있다. 태평양의 외딴섬인 새로운 아틀란티스에는 베이컨의 사상을 이해하는 과학자와 기술자, 직인이 협력하는 대연구소 '지혜의 집'(Salomon's House)이 있다. 베이컨은 이 연구소의 목적을 '인류의 복지 증진을 위한 자연 연구'에 두었다. 그리고 새로운 과학은 자신의 귀납법에 의해서 달성될 것이라고 강조했다. 이 연구소에는 동서 고금의 문헌을 모은 도서관, 세계의 동식물을 모은 자연공원, 인간이 탄생시킨 기술 진열관, 여러 기구나 도구를 갖춘 실험실이 있다. 따라서 회원의 연구도 베이컨적 방법으로 분류되었다. 이와 같은 베이컨적 정신이 왕립학회를 탄생시킨 사상적 배경이 되었다.

이탈리아 ─ 실험과학연구소

르네상스 이후 이탈리아에서는 인문주의 학자들이 살롱에서 모임을 갖는 전통이 싹텄고, 이와 함께 과학의 연구 집단이 나타났다. 그중 하나가 로마의 비밀학원(Accademia dei Segreti)이었다. 이것은 1560년대 나폴리로 이주한 자연학자 포르타(G. Porta)가 자연의 비밀을 탐구할 목적으로 자연과학상에 흥미를 가진 학자들을 자신의 집에 모아 만든 모임이었다. 그러나 그는 '마녀가 칠하는 약'을 만들었다는 혐의로 교황청으로부터 징계를 받아 연구 활동이 중지되었다. 또 1601년 과학 애호가로 유명한 페데리고 제치 대공은 궁정에 세 사람의 학자를 모아서 정기적인 회합을 갖기 시작했다. 그러나 그들은 암호에 의한 정보 교환과 독살 혐의를 받고 해산되었다가 1609년 포르타와 갈릴레오가 입회함으로써 재건되었다. 이처럼 당시의 정치적, 종교적 분위기는 자유스러운 자연의 연구를 허락하지 않고 직접, 간접으로 과학 연구를 방해했다.

이러한 풍조에 반기를 들고 탄생한 학회가 린체이 아카데미(Academia dei Lincei)이다. 이 학회의 목표는 무지와 싸우는 일이었다. 무지란 스콜라적인 낡은 학문이나 그리스도적 교의를 말하며, 또 교의에 사로잡혀 넓은 세계를 보지 못하는 것을 의미한다. 이 학회의 기본 정신은 자연 속에서 신을 발견한다라는 르네상스적인 넓은 관찰에 있었다. 갈릴레오도 이 학회의 회원이었다. 그가 『천상에 대한 대화』에 나오는 살비아티를 학사원 회원이라고 했는데, 이는 린체이학회의 회원인 갈릴레오 자신이었다. 1615년 포르타가 사망했으나 그의 정신은 갈릴레오의 실험 정신에 깊게 뿌리 박혔다. 그러나 1616년 코페르니쿠스 이론에 대한 이단 포고령, 갈릴레오의 종교 재판, 1630년 후 원자인 페데리고 제치 대공의 사망으로 이 학회는 목적을 달성하지 못한 채 문을 닫고 말았다.

1657년에 부호 메디치(Medici) 집안의 후원 아래 실험 과학아카데미(Academi dei Cimento)가 설립되었다. 이 학회의 기본 이념은 '실험 또 실험'이었다. 당시 갈릴레오는 이미 사망했으나, 이 학회는 주로 갈릴레오의 제자들로서 구성되었고, 갈릴레오와 토리첼리가 연구한 실험을 보충하고 완성하는 것이 주된 목표였다. 회원은 10명 정도로 중심인물은 비비아니 (V. Viviani)였다. 그는 갈릴레오의 제자로서 갈릴레오가 죽은 뒤에 그의 전기를 집필했다. 그 회원들의 연구 과제는 주로 전기와 자석의 기초적 연구, 온도와 대기압의 측정, 고체와 액체의 열팽창, 운동 물체의 실험, 렌즈와 망원경의 개량 등이었다.

이 학회는 유럽 최초의 조직적인 연구소로 오늘날 물리실험실의 모체가 되었다. 그리고 연구의 상호 교환을 위해서 『자연에 관한 실험 논집』(Saggi di naturali esperienzi, 1667)을 출판한 것은 그 의의가 매우 크다. 이 학회는 1667년 레오폴드가 추기경이 된 후 폐쇄되었다.

영국 — 왕립학회

1644~1645년 무렵, 청교도혁명이 진행 중이던 런던에는 베이컨적 정신과 새로운 실험과학을 표방하는 자주적인 두 개의 모임이 생겼다. 그 하나는 수학자 윌킨스와 옥스퍼드대학의 자연철학자이자 실험철학의 중심인물인 윌리스, 그리고 옥스퍼드대학에서 천문학을 강의하던 렌 등이 중심인 '철학협회'였고, 다른 하나는 명확한 조직이 없는 '보이지 않는 대학'이라 불리는 단체였다. 유명한 화학자 보일은 1646년경 이 학회에 들어왔다.

1660년 찰스 2세의 왕정복고와 더불어 옥스퍼드를 떠난 과학자들이 다시 런던에 모임으로써, 1662년 1월 15일 찰스 2세의 칙령으로 '자연의 지식을 증진하기 위한 왕립학회(The Royal Society of London for Improving Natural Knowledge)'가 정식으로 발족되었다. 그리고 수년 후 '보이지 않는 대학'도 이에 흡수되었다. 1662년 11월에 이 학회의 간사 겸 실험 담당자인 혹은 1663년 학회의 사업 계획 초안을 수립했다. 이에 따르면 학회의 목적은 베이컨적 정신과 기술에 관한 유용한 지식의 개선과 수집, 이에 따른 합리적인 철학 체계의 건설, 이미 잃어버린 기술의 재발견, 고대와 근대의 저작에 기록되어 있는 자연적, 수학적, 기계학적인 여러 사실에 관한 모든 체계, 원리, 가설, 설명, 실험 등을 조사하는 일이었다. 다시 말해서 당시 인간이 소유하고 있던 자연과 기술에 관한 지식을 개선하고 동시에 과거의 지식을 복원하며, 나아가서 지금까지 달성한 모든 과학의 이론과 실험을 재검토하는 데 그 설립 목적을 두었다.

이 학회의 특징으로 두 가지 점을 들 수 있다. 첫째, 신학, 형이상학, 도덕, 정치, 문법, 수사, 논리학 등에는 관여하지 않는다는 입장으로 스콜라적, 르네상스적인 전통에 속하는 분야는 되도록 피했다는 점이다. 둘째, 최종 목표를 자연과 기술에 관한 현상을 기술하는 데 두었다는 점이다. 이를 위하여 합리적, 분석적인 논술을 시도하고, 완전한 철학적 체계를 쌓는 것에 중점을 두었다. 또한 과학 이론만을 수립하는 것이 아니라 이것이 완전한가를 실험을 통해 증명하고, 그 위에서 지식을 모으는 일을 시도했다.

더욱 주목할 사실은 베이컨식 과학 연구에는 천재가 필요 없고, 단지 연구자의 조직과 공적인 재정적 원조만이 문제라고 주장한 점이다. 이처럼 '공적인 운동으로서의 과학'이라는 과학관은 베이컨 이전에는 없었다. 이 점은 후세에 미친 영향이 매우 컸다.

왕립학회의 각 회원들은 공동 목적을 위해서 사업을 분담하고 실험하며, 때때로 공장, 광산, 농촌 그리고 외국에 나가서 조사하고 보고서를 제출했다. 또 학회의 이름으로 외국과 식민지에 있는 친지, 여행 중인 친구, 원양 항해를 하는 선장에게 조사와 관측 실험을 의뢰하기도 했다. 또 국내와 세계 각지에서 모아들인 보고서는 1주일에 한 번 정도 학회에서 검토하여 이를 발표하고 그 기록을 보존했다.

이 학회는 순수한 이론보다 경험을 중요시했으므로 연구 방법도 강연이 아니라 실험이었다. 새로운 사실이나 법칙을 발견한 사람은 회원들 앞에서 실험을 통해서 증명하는 것이 관례로 되어 있었다. 그리고 경우에 따라서는 공장을 방문하여 실험하는 일도 있었다. 이로써 많은 실험과 관찰, 그리고 관측 결과가 누적되었다.

이 무렵의 회원들은 아직 직업적인 과학자가 아니었다. 대부분은 귀족, 의사, 목사, 대상인 등이고 그 주위에 직인, 무역상, 농민 그리고 과학 애호가들이 모여들었다. 그들은 별도로 직업을 가진 사람들이었다. 그런데 왕립학회의 '왕립'은 형식적인 것으로 학회 경비의 대부분은 대개 입회금과 회비에 의존하고 있었다. 이 협회는 자연과학의 발전을 위하여 뜻을 같이하는 자유스럽고 순수한 민간 자치 단체의 성격이 뚜렷했다.

부호인 뱅크스(Sir J. Banks)는 왕립학회와 관련하여 독재자로 알려져 있다. 그는 42년간(1778~1820) 회장직을 맡았고, 이 시기의 영국의 과학에 커다란 영향력을 행사했다. 국왕 조지 3세의 과학 고문으로서 큐식물원을 육성한 것 이외에, 린네학회(1788년), 왕립연구소의 설립(1801년)을 후원했다. 그러나 천문학회의 설립에는 반대했으므로 수리과학의 전문화를 지연시켰다는 후세의 비판을 받고 있다.

왕립학회가 왕성하게 활동한 시기는 초기의 10년간이었다. 1670년대 후반부터 학회의 활동은 점차 정체하고

PHILOSOPHICAL
TRANSACTIONS:
GIVING SOME
ACCOMPT
OF THE PRESENT
Undertakings , Studies , and Labours
OF THE
INGENIOUS
IN MANY
CONSIDERABLE PARTS
OF THE
WORLD

Vol I.
For *Anno* 1665, and 1666.

In the *SAVOY*,
Printed by *T. N.* for *John Martyn* at the Bell, a little without Temple-Bar , and *James Allestry* in *Duck-Lane*,
Printers to the *Royal Society*.

『과학 보고』 창간호

쇠퇴의 기색을 보였다. 회원수는 초창기의 96명에서 1670년대에 약 200명으로 늘어났지만, 1700년대에는 125명 정도였다. 1800년대에는 500명을 웃돌았으나 그 반수가 비과학자인 명예회원이었다.

토머스 스프라트는 영국 국교의 성직자로서 왕립학회의 요청으로 윌킨스의 감독하에『왕립학회의 역사』3부(고대와 근대의 철학, 왕립학회의 조직과 활동, 왕립학회와 실험철학의 변호)를 집필했다. 그 목적은 왕립학회의 사회적 기반을 확립하고 왕립학회의 목적과 활동에 대한 관심과 지지를 얻기 위함이었다. 그는 퓨리턴혁명 후의 상황을 반영하면서 실험철학과 종교의 일치를 강조하고, 종래의 독단주의, 회의주의, 무신론 대신에 실험철학을 강조하여 왕정복고기의 정치적, 경제적, 종교적 안정과 발전에 공헌했다.

왕립학회와 관련되어 활동한 사람으로 독일인 올덴버그(H. Oldenburg)

가 있다. 그는 서신 교환 담당자로서 서신 교환을 통해서 영국의 과학자 사회뿐만 아니라, 광범위한 국제 과학자 사회와도 학술 정보를 교환했다. 그는 1665년 3월 현존하는 가장 오래된 과학 잡지인 『과학 보고』를 발간하여 당시의 과학 기술에 관한 정보의 교환, 지식의 공개 및 비판, 그리고 상호 자극을 도모했다.

프랑스 — 왕립 과학아카데미

왕립학회와 마찬가지로 프랑스에서 설립된 왕립 과학아카데미(Académie Royale des Sciences)도 처음에는 자주적인 모임으로 시작했다. 프랑스의 몽모르가에서 자주 만났던 과학자들 사이에는 공적인 과학 연구 기관을 만들려는 움직임이 점차 싹트기 시작했고, 파스칼을 중심으로 한 비공식, 비정기적인 모임이 학회의 설립을 촉발시켰다. 몽모르학회의 회합은 과학학회로서 초기의 비공식적 집단 기능을 잘 보여주고 있다. 1658년 토성의 고리에 관한 호이겐스의 논문이 여기서 발표되었고, 많은 정부 인사, 귀족 출신인 승원장, 소르본대학의 박사들이 이 모임에 함께 출석했다. 과학자들은 뒷좌석을 차지한 것만으로도 만족했다.

초기의 비공식 학회는 연구의 추진과 함께 홍보에도 노력했다. 이러한 움직임을 자극한 이유는 영국의 왕립학회의 설립과 그 활동이고, 또 한 가지 이유는 자금난이었다. 이전의 과학자는 후원자의 재정적 원조에 의존했으나 과학 연구가 한 개인의 원조로는 지탱하기 어려울 정도로 비대해졌고, 또 과학 연구 그 자체가 사회성을 강하게 띠기 시작했기 때문이었다.

과학 연구소의 설립 움직임은 당시 과학의 사회적 기능에 관해서 얼마나 기대가 컸는가를 암시하기도 한다. 과학이 눈에 띌 정도로 크게 사회적 기능을 다하기 위해서는 과학과 기술의 수준이 일정한 단계에 도달해야 하는데, 그 발전의 온상이 곧 과학 연구소일 것임을 모두 확신하고 있었다. 이 학회에 다수의 상인이 참여했던 것도 바로 그러한 이유에서였다.

이러한 상황에서 당시 과학자들은 재상이자 실력자인 콜베르(J. B. Colbert)에게 협력을 구했다. 그도 역시 과학 연구가 산업 발전에 크게 기여할 것을 확신하고, 왕립 연구 기관 설립을 결심함으로써 1666년 파리 왕립 과학아카데미가 설립되었다.

창립 당시의 회원은 외국인 과학자 호이겐스를 포함하여 16명이었다. 수학(정밀과학) 부문과 자연사(自然史) 부문으로 구성되었는데, 전자는 기하학, 천문학, 역학으로, 후자는 해부학, 화학, 식물학 분야로 나누었다. 1699년의 규정에 의하면 회원은 정회원, 준회원, 학생회원(1716년 이후는 준회원으로 통합) 등 단계적으로 되어 있다. 아카데미 회원으로 선출되면 그 후부터는 연차적으로 승진한다. 또 자유회원과 외국회원, 그리고 명예회원도 있었다. 학회의 조직에는 신분적 차별이 적용되었다. 1716년 변경된 규정에 의하면 귀족 계급에서 선출한 12명의 명예회원이 있고, 그 회원 중에서 회장과 부회장을 선출했다. 다음 18명의 원내회원이 있고, 기하학, 천문학, 기계학, 화학 부문마다 3명의 전문위원이 있었다. 그 외에 12

명의 준회원이 있었다.

영국의 왕립학회의 '왕립'은 이름뿐으로 전 회원의 회비로 학회가 운영된 데 반하여 프랑스의 왕립 과학아카데미는 순수한 국립 연구소였다. 이 아카데미의 운영은 대부분 왕실의 출자에 의존했고, 20명 정도의 회원은 모두 국가로부터 급료를 받는 직업적인 과학자였다. 왕립학회에서는 개인의 연구가 대부분이었으나, 왕립 과학아카데미는 완전한 공동 연구 체제가 이루어졌다. 따라서 국가에서 요구하는 과제를 공동으로 연구하는 경향이 짙었다. 이 아카데미는 연구를 수행하기 위하여 과학의 대가들을 초빙했는데, 그것은 국내 과학자에만 국한되지 않았다. 네덜란드의 호이겐스, 덴마크의 천문학자 뢰머, 이탈리아의 카시니 등이 파리로 초빙되었다.

이 학회의 연구 과제는 자연과 기술의 수집, 동식물의 자연지 작성, 프랑스의 지도 작성, 망원경의 개량, 파팽(D. Papin)의 화약 동력 기관, 인체 해부, 혈액 수혈, 수질 검사, 자유 낙하, 기압의 측정, 혜성의 관측, 광속도의 계산, 호이겐스의 파동론 등이었다. 이 학회는 과학 잡지인 『학자의 잡지』(Journal des Savants)를 정기적으로 발간했다.

17세기 초기에 자연의 연구에 종사하고 있던 사람들을 서로 엮어준 것은 다름 아닌 편지였다. 그들은 편지를 통해서 학술 정보를 교환했다. 당시 귀족이나 대부호 중에는 과학에 대해 관심을 가지고 과학자들과 서로 자주 만났고, 나아가서 그들에게 재정적인 뒷받침을 하거나, 과학자 상호 간의 연락을 위해서 최대한의 편의를 제공하는 사람들이 상당수 있었다.

그중 프랑스의 부호 메르센(C. Mersenne)은 유럽의 중앙우체국과 같았다. 그는 프랑스의 성직자로서 과학사상가이며 과학의 조직자였다. 그를 중심으로 그의 저택 지하실에서 유명한 프랑스 과학자와 철학자가 모였다. 이 중에는 수학자 페르마, 철학자 가상디, 파스칼이 있었다. 그는 초인적인 통신가로 쉴 새 없이 서신을 교환하여 프랑스 과학뿐만이 아니라 유럽 과학의 정보 교류의 중심이 되었다. 예를 들면, 갈릴레오의 업적은 그를 통하여 북유럽에 소개되었다. 종교재판으로 자택에 감금되었던 갈릴레오가 『신과학 대화』를 출판하려 했을 때, 메르센은 이 책의 초판을 네덜란드에서 출판하도록 주선했다. 또 진공에 관한 토리첼리의 실험 소식을 퍼뜨렸고, 파스칼의 실험을 격려했으며 그의 수학 연구도 도왔다. 또한 그는 데카르트와 다른 학자들과의 의견 교환에서도 주된 통로의 역할을 했다.

프랑스의 전문 학회

학회 이름	설립 연도	회원 수
식물학회	1854	422
화학회	1857	579
전불과학진흥협회(AFAS)	1872	3,800
물리학회	1873	629
동물학회	1876	258

출처: R. Fox, *"The Savate Confronts His Peers: Scientific Societies in France, 1815~1914"* in Fox & Weisz(eds.), The Organization of Science and Technology in France, 1808~1914, Cambridge U. P.,1980, p.275.

이런 점에서 메르센 개인이 하나의 과학 단체였다고 해도 지나치지 않다.

프랑스의 카르카비(P. de Carcavy)도 과학 정보의 전달자로서 유명하다. 그는 1634년에 갈릴레오를 방문한 뒤부터 그와 편지 왕래를 했고, 메르센을 비롯하여 페르마, 파스칼, 호이겐스 사이에 중요한 정보를 매개했다. 또한 메르센이 죽은 뒤에 그를 대신하여 데카르트와도 교류했다. 한편 메르센이 죽은 지 얼마 후에는 부유한 귀족 몽모르(H. de Montmor)가 프랑스 과학의 후원자가 되었고 그의 집에 학자들이 모여 과학과 기술 문제를 토의했다. 가상디가 이 모임을 주재했고, 이곳은 1650년대 프랑스 과학의 구심점이었다.

18세기에 과학의 전문가 이외도 고위 성직자, 귀족, 정부 고관 중에서 명예회원이 선출되었고, 회원 사이에도 구별이 생겨 당시 프랑스 사회에서 볼 수 있었던 연공서열, 출신 계층에 의한 종적서열이 아카데미 안으로 침투하여 구체제와 유착되었다. 또한 과학아카데미는 과학 논문, 서적 출판의 검열과 새로운 기술의 심사권을 소유함으로써 구체제하의 과학기술을 지배했다. 이 학회는 1793년 일단 폐지되었다가 1795년에 국립학사원(Institute National)의 일부로 재편되었다.

독일·러시아

독일에서는 1700년 7월 11일, 베를린 과학아카데미(Akademie der Wissenschaften zu Berlin)가 설립되었다. 철학자이며 과학자인 라이프니츠가 학회 창립의 중심인물이었다. 200여 봉건국가로 분열된 당시 독일의 일반적인 과학 수준은 아직 근대적인 과학의 수준에 미치지 못했을 뿐 아니라, 정치적으로 안정되어 있지 않았기 때문에 다른 나라에 비하여 그 설립이 늦었다. 그래서 이 학회는 영국과 프랑스에 비해서 별다른 성과를 내놓지 못했다. 이 아카데미에서도 잡지를 편집 발간하여 학술 정보 교환에 기여했다.

러시아의 과학아카데미는 라이프니츠의 충고와 피터 대제의 군국주의적 공업화 정책을 배경으로 1725년 창립되었다. 이 아카데미는 곧 실험과학과 수학 연구의 중심이 되었고 러시아의 자원 탐험의 후원자가 되었다. 활동한 중심인물은 스위스 출신의 수학자 오일러(L. Euler)와 러시아의 화학자인 로마노소프(M. V. Lomonosov)였다. 1764년 말기에 로마노소프가 기초한 학회 규약을 보면, 회원의 임무는 전공뿐만 아니라 관련 과학에도 통달해야 한다. 예를 들면 물리학자는 화학, 해부학, 식물학도 알아야 하는데, 그것은 여러 현상을 물리적으로 증명하는 데 도움이 되기 때문이었다. 그는 1755년 모스크바대학을 창립했는데 그후 러시아의 과학 연구의 중심은 주로 각 대학들이었다.

사실상 문화의 한 요소인 과학은 이러한 과학 단체 안에서 성장, 발달했다. 당시 과학자들은 이러한 학회를 중심으로 각자의 탈선을 배제하면서 진실된 노력을 배양하고 그 성과를 보다 효율적으로 발전시켜 나갔다. 더욱이 국가와 지배 계층이 상업과 항해의 발달, 그리고 농업의 개량을 위해서 학회에 관심을 지니고 후원했다. 천문학자 라플라스는 학회의 근본 역할을 "학자 개개인은 쉽게 독단에 빠지나 과학학회 안에서는 의견을 조정해야 하므로 신속하게 독단으로부터 빠져나갈 수 있다."라고 지적하면서, 과학의 조직화의 중요성을 강조했다.

왕립연구소와 영국과학진흥협회

18세기 영국에서는 비국교파의 아카데미가 과학자를 양성하는 데 중요한 역할을 했지만, 신학 교육 기관의 한계를 벗어나지 못했으므로, 19세기 전반까지 영국에서는 과학자를 양성하기 위한 기관이 부족한 형편이었다. 미국 태생의 과학자인 럼퍼드(C. Rumford) 백작은 프랑스 공업 교육의 제도를 모방할 만하다고 판단하고, 공업을 진흥시키고 빈민의 복지를 향상시키기 위한 협회를 만들었다. 그는 이 협회의 이사회에서 유용한 기계의 발명과 개량에 관한 지식의 보급 및 그에 대한 일반적인 소개를 하면서, 인생의 공동 목표로서 과학을 응용하도록 교육하기 위해 흥미 있는 과학 강의와 실험을 할 수 있는 시민 교육 기관의 설립을 제안했다. 이를 바탕으로 1801년 런던에 왕립연구소(Royal Institute)가 설립되었다.

초대 소장인 화학자 데이비(H. Davy)는 개인의 기금으로 운영되는 재정적 문제를 해결하기 위하여 부유한 후원자의 마음에 들도록 강의를 준비했고, 결국 그의 강의는 성공했다. 그러나 처음에 의도했던 공업 교육 기관의 성격을 벗어나 오히려 대중 강연을 하는 장소로 변모했다. 어쨌든 왕립연구소는 영국의 과학 연구 공동체로서 활동하기 시작했다.

영국 전문 학회

학회 이름	설립 연도	회원 수(1867년)
린네학회	1788	482
지질학회	1807	1,100
천문학회	1820	528
기상학회	1823	306
동물학회	1826	2,923
지리학회	1830	7,352
곤충학회	1833	208
식물학회	1836	2,422
화학회	1846	192

출전: C. Russell, *Science and Social Change*: 1700~1900, Macmillan Press, 1983. p.194, 222.

한편 영국의 수학자 배비지(C. Babbage)는 1830년, 『영국에 있어서 과학의 쇠퇴와 그 원인에 관한 고찰』(Reflections on the Decline of Science in England and its Cause)이라는 저서를 통해서, 당시 영국 과학의 후퇴를 신랄하게 비판했다. 이 책이 과학계와 사회에 큰 충격을 줌으로 인해, 국내 과학자가 규합하여 영국 과학을 진흥시키기 위한 연구 기관의 설립 운동이 일기 시작했다. 1831년 9월에 가장 규모가 큰 요크주의 과학학회가 주동이 되어 전국의 과학 애호가를 소집했다. 이를 계기로 영국과학진흥협회(British Association for the Advancement of Science-BAAS)가 창립되었다.

이 협회의 목적은 1) 과학 연구에 보다 강력한 자극을 주고 보다 깊은 국가적 관심을 불러일으키며, 그 진보를 가로막는 여러 가지 장애물을 배제하는 일, 2) 국내 또는 국외의 과학 연구자 상호 간의 교류를 촉진하는 일이었다. 과학진흥협회의 회합은 영국의 주요 도시 혹은 자치령에서 매년 열렸는데 평균 2,000명의 인원이 참석했다. 이 집회를 통해서 과학의 전문 기관과 지방의 과학학회 회원들 사이에 접촉이 이루어졌고, 이렇게 해서 과학 연구 그 자체의 내부적 발전, 과학 교육의 연장, 과학 연구의 재정 문제, 그리고 그 밖의 외부적 문제에 관해서 광범위한 의견을 수렴했다. 이로써 이 협회는 19세기를 통하여 영국의 대표적인 과학 연구 기관이 되었다.

영국의 루너협회

산업혁명의 진전은 과학과 기술이 '유용한 지식'이라는 사실을 인식하게 했으므로 과학 기술 교육 운동과 과학의 제도화를 촉진했다. 예를 들면, 미국의 정치가이자 과학자인 프랭클린(B. Franklin)이 발명한 피뢰침에서 알 수 있듯이, 여러 과학적 응용이 두드러진 성과를 나타냄으로써 실제적인 일에 종사하는 사람들은 과학 속에 유용하고 막대한 힘이 존재하고 있다는 사실을 깊이 인식하기 시작했다. 따라서 산업혁명기 동안에 영국의 과학 중심지는 옥스퍼드나 케임브리지, 그리고 런던이 아니라 오히려 맨체스터, 버밍엄, 글래스고와 같은 곳이었다. 또 과학 연구에 종사하는 사람들과 후원자들도 귀족이나 은행가가 아니라 그 지방의 공업 경영자들이었다.

따라서 지방의 과학 연구 활동은 맨체스터의 철학문학회(1781년), 리버풀의 문학회(1812년), 버밍엄의 루너협회(Lunar Society) 등을 중심으로 아마추어 과학자 집단에 의해서 실현되었다. 그들은 과학 지식의 흡수와 그 응용에 열을 올렸고, 일반적으로 그들이 살고 있는 지방의 산업 발전과 문화 향상에 이바지했다.

이 과학 단체 중 루너협회가 대표적이다. 미국의 버지니아주에 있는 윌리엄 메어리대학에서 제퍼슨에게 자연철학을 가르친 영국 사람 스몰(W. Small)은 1764년 고국으로 돌아왔다. 그가 의사로서 개업할 곳을 찾고 있을 때, 마침 영국에 체류 중이던 프랭클린이 버밍엄에서 공장을 경영하고 있던 친구 볼턴(M. Boulton)에게 스몰을 소개했다. 프랭클린은 이 소개장에서 스몰을 '창의력이 가득한 학자로 뜻이 매우 높고 정직한 인물'이라고 추천했다. 이 추천장이 그 후 과학사와 기술사상의 중요한 인물들이 모인 루너협회 탄생의 실마리가 되었다.

회원들이 명명한 '루너협회'라는 이름은, 그들이 만월에 제일 가까운 월요일 저녁에 회의를 개최했던 관습에서 유래했다. 그들이 달밤에 모인 이유는 귀가할 때 달이 밤길을 밝혀줘 편리했고, 모임의 날짜를 쉽게 기억할 수 있었기 때문이었다. 그리고 달밤은 누구나 좋아한다는 이유도 있었을 것이다.

창립 당시의 회원은 스몰과 볼턴, 그리고 찰스 다윈의 조부인 다윈(E. Darwin)으로 그들은 루너협회를 결성하는 데 큰 역할을 했다. 이 협회는 어떤 규칙 하에 결속된 집단이라기보다는 자유로이 참여하는 모임이었다. 회원들은 각기 다른 분야, 즉 과학과 기술을 비롯하여 시, 종교, 미술, 정치, 음악 등의 여러 분야에서 뛰어난 활동을 했다.

산업혁명에서 루너협회 회원들의 역할은 매우 컸다. 당시 수차동력에 불만을 품고 있던 볼턴은 이 협회에서 최초로 황산공장과 제철공장을 세운 로벅(Roebuck)과 글래스고대학의 과학 기구 제작자인 와트(J. Watt)를 알게 되었다. 이러한 인연으로 볼턴과 와트는 역사적인 공동 작업, 즉 증기기관의 제작에 착수했다.

한편 프랭클린은 그의 친구인 화학자 프리스틀리(J. Priestley)를 이 협회에 소개했다. 프리스틀리는 비국교파 교회의 목사였다. 그는 프랭클린의 전기 연구에 흥미를 느낀 나머지 마차를 타고 런던까지 와서 프랭클린을 만났다. 프리스틀리는 산소를 발견했는데, 이를 발견하는 데 물심양면으로 도왔던 사람들은 모두 루너협회 회원들이었다. 그는 과학뿐만 아니라 정치에 관해서도 프랭클린에 공감했다. 그러나 정치 상황은 그들을 복잡한 일에 말려들게 했다. 프랑스혁명이 진행되던 무렵, 루너협회의 회원들이 미국 독립전쟁 당시에 식민지 국민에게 관대했던 것처럼 프랑스의 혁명가들에게도 공감했다. 더욱이 프리스틀리는 국민의회의 열렬한 지지자였다. 국민의회는 그에게 프랑스 시민권을 주었고, 그를 국민의회의 일원으로 추대했지만 이 명예는 사양했다.

루너협회는 18세기 중엽 내리막길을 계속 달리던 영국의 과학을 재건시켰다. 시대가 변하면서 루너협회는 그 활동이 약간 후퇴했지만 그 영향은 지속되었다. 휘그당의 정치가 호너는 1809년에 다음과 같이 말했다. "그들이 준 인상은 아직 사라지지 않고 있다. 그들의 과학에 대한 호기심과 자유스러운 탐구심은 제2, 3세대의 모습에서 찾아볼 수 있다."

미국철학회와 스미소니언연구소

역사적으로 볼 때 서유럽과 달리 미국에서는 과학과 정치와 사회의 패턴이 독특하게 형성되었다. 필라델피아에서 헌법을 제정할 무렵, 과학은 교양 있는 지식인 사이에서 널리 이해되고 연구되었다. 특히 프랭클린은 과학이 국가의 복지에 공헌한다는 사실을 일찍이 인식하고 있었다.

미국 문화가 시작된 시기는 프랭클린의 등장과 때를 같이 했다. 그는 과학 기술 분야에서 공공사업을 많이 벌였는데, 그중에서도 쟌토(Junto)라는 작은 문화 서클의 조직을 발판으로 도서관을 운영했다. 그의 과학 사상은 유럽의 영향을 받았지만 그 뿌리는 자신이 살고 있던 지역 사회에 있었다. 이 활동을 발판으로 그는 중앙 무대에 나아가 독립과 통일에 힘을 기울였다. 그는 1743년 사실상 미국 최초의 과학학회인 미국 철학회(American Philosophical Society)를 필라델피아에 설립했다. 이 학회는 1774~1783년의 미국 독립전쟁 때 과학적 활동, 특히 전기학을 활발히 연구했다.

1785년에 학문과 문화의 중심지였던 필라델피아에서 프랭클린과 워싱턴이 주축이 되어 농업진흥회(The Philadelphia Society for Promoting Agriculture)가 설립되었다. 당시 미국 연방정부의 산업 정책은 농업진흥에 있었으므로 이러한 학회 활동에 정부도 지원했다. 하원은 1797년에 워싱턴의 의견을 반영하여 합중국 각 지방의 (농업)학회들을 연결해 주는 전국적 규모의 학회를 만들 필요가 있다고 보고했다. 그러나 이 전국적 농업학회는 제퍼슨의 반대로 실현되지 못했다. 그는 원칙적인 면에서는 학회의 필요성을 인정했지만, 정부의 지도나 법률의 힘으로 그러한 학회를 만드는 것은 적당치 않다고 주장했다. 결국 전국적인 학회는 19세기에 들어와 민간단체로서 각각 설립되었다. 이 학회들은 유럽의 학회가 국왕이나 중앙정부에 의해서 설립된 예와 비교하면 매우 대조적이었다.

　미국은 산업화가 일어나기 이전 단계에서 정부가 과학을 계획적으로 정책에 반영시키는 일은 거의 없었다. 그러나 남북전쟁 후에 과학계에 큰 변화가 일어났다. 과학이 매우 전문화되어 가고 과학자는 정치가나 행정가와 분명히 다른 직종으로 변했다. 남북전쟁 초기부터 주정부가 과학적 권고를 널리 받아들이기 시작함으로써 장차 과학이 널리 응용될 수 있는 기초가 수립되었다. 1863년 연방의회는 국립 과학아카데미(National Academy of Science, NAS)를 설립했다. 그리고 이 아카데미는 정부의 요청에 따라서 여러 과학 분야의 연구를 수행하는 과학자들의 자치적 기관으로서 창립되었다. 더욱이 북군의 승리는 국가가 운영하는 과학에 더욱 큰 자극을 주었다.

　미국의 진보적인 연구소로 유명한 스미소니언연구소 (Smithonian Institute)가 있다. 이 연구소는 영국의 화학자이며 광물학자인 스미 소니언 (J. Smithonian)이 기부한 자금을 기반으로 1846년에 수도 워싱턴에 설립되었다. 이 연구소는 미국 연구소 중에서 가장 역사가 깊다. 이 연구소의 설립 목적은 독창적 연구의 수행, 연구 가치가 있는 문제에 관한 연구와 출판이었다. 이 연구소 안에는 중요한 과학적 사업을 기획하기 위하여 많은 기관이 설치되어 있다. 대표적인 기관으로 기상국, 민속국, 천체물리학관

측소, 국립동물원 등이 있다. 또 15만 권의 장서와 모든 과학 잡지를 갖춘 대도서관이 부속되어 연구자들의 편의를 최대한 도모하고 있다. 이는 국민들의 과학 지식 증대와 과학 인구 저변 확대에 크게 기여했다.

전문 연구 기관

캐번디시연구소와 국립물리학연구소

영국의 전형적인 전문연구소는 1871년에 설립된 캐번디시연구소(Cavendish Laboratory)이다. 1869년 케임브리지대학 이사회는 실험물리학 강좌를 개설하고 교수 지도 아래 실험을 실시하기로 결정했지만 실험실다운 실험실이 하나도 없었다. 당시 이 학교 총장인 캐번디시는 1871년 6,300파운드를 기부하여 실험실을 만들었다. 이를 계기로 1871년 물리학자 맥스웰(J. C. Maxwell)을 교수로 영입하여 실험실의 창설을 준비하고, 케임브리지대학 졸업생 중에서 우수한 학생을 선발하여 연구원으로 임명했다.

맥스웰에 이어서 레일리(Rayleight)가 이끄는 연구팀은 전기 단위를 정밀하게 측정하여 이 분야에 큰 업적을 남겼고, 그 뒤를 이은 사람은 톰슨(J. J. Thomson)으로 임명 당시 28세였다. 그는 기체의 전기전도 연구에 착수하여 음극선 연구로 전자의 정체를 밝혀냈다. 또한 톰슨의 지도를 받은 러더퍼드(E. Rutherford)는 원자핵 충돌 실험으로 원자 구조를 연구함으로써 원자핵물리학의 기초를 수립했다. 그의 문하생 채드윅(Sir J. Chadwick)은 후에 중성자를 발견했다. 이로써 이 연구소는 명실상부한 핵물리학 연

캐번디시연구소

구의 본거지가 되었다. 이 연구소에서는 27명의 노벨상 수상자를 배출했고, 19세기 말부터 지금까지 과학의 역사에 남을 만한 성과를 올리고 있다.

한편 19세기 말엽 과학 연구의 새로운 흐름이 영국에서 탄생했다. 독일에서 제국물리기술연구소가 설립된 것에 자극을 받아 영국에서도 1899년에 국립물리학연구소(National Physics Laboratory)가 설립되었다. 이 연구소의 설립 목적은 '과학의 힘을 국가를 위하여 이용하자'라는 것으로, 주로 길이와 질량 등 표준의 확인과 비교, 물리학 연구에 필요한 기기의 실험, 기준원기의 보존, 그리고 물리상수 및 과학적으로나 공업적으로 필요한 데이터의 체계적 결정에 주력했다.

제국물리기술연구소와 카이저 빌헬름연구소

독일은 보불전쟁에서 승리함으로써 근대국가로 발돋움했다. 그 시기에 국가의 경제적 지위를 높이기 위하여 생산력의 증강을 시도한 것은 당연했고, 실제로 독일의 국가적, 정치적 요구에 따라서 정밀과학과 정밀기술을 진흥시키기 위한 국립연구소의 설립이 급선무라는 의견이 1870년대에 이미 제출되었다. 그러나 프러시아 과학아카데미의 반대로 한때 지연되었다.

1882년 공학자 지멘스(W. von Siemens)는 연구소 설립에 즈음해서, "과학 교육이나 과학적 업적이 한 국민에게 문화민족이라는 명예를 부여한다."라고 강조하면서 연구소 부지와 50만 달러의 자금을 제공했다. 이 제

베를린의 카이저 빌헬름연구소

국물리기술연구소(Physikalisch-Technische Reichsanstaet)는 1887년 10월에 설립되어 제1부 물리학부, 제2부 공학부로 나뉘어 활동을 시작했다. 초대 소장은 물리학자 헬름홀츠(H. von Helmholtz)였다. 이 연구소의 물리학부는 이론적으로나 기술적으로 중요하지만 개인이나 교육 기관에서 감당할 수 없는 문제를 전담하여 연구했다. 공학부에서는 정밀기계를 비롯하여 독일의 기술을 진흥시키는 데 필요한 공학적 연구를 전담했다.

카이저 빌헬름연구소(Die Kaiser Wilhelm Institut)는 베를린대학 창립 100주년을 기념하여 1911년 설립된 대종합연구소이다. 자연과학 분야 28개, 정신과학 분야 4개로 구성되었다. 여기에 소속된 주요한 연구소는 물리화학 및 전기화학연구소, 화학연구소, 인류학-인류 유전학 및 우생학 연구소 등이 있다. 그러나 설립되자마자 제1차 세계대전이 일어났고 대전 후의 극심한 인플레이션, 나치 정권의 지배에 뒤이은 제2차 세계대전으로 연구 시설의 파괴라는 연속된 불행과 고난을 겪었다.

파스퇴르연구소

1886년 프랑스 과학아카데미는 광견병 예방 접종법의 완성을 기념하고 일생동안 조국을 위해서 힘써온 파스퇴르(L. Pasteur)에게 보답하는 마음으로 파스퇴르연구소(Institut Pasteur)를 세울 것을 제안했다. 프랑스 하원이 20만 프랑의 기부를 결의하자, 멀리는 러시아와 브라질, 그리고 터키의 황제로부터 기부금이 전달되었다. 그뿐 아니라 부자나 가난한 사람들

1887년에 완성된 파스퇴르연구소

도 앞을 다투어 기부하여 총액이 250만 프랑을 넘어섰다. 그중 150만 프랑이 연구소의 건설에 사용되고 나머지 100만 프랑은 연구소의 기금으로 충당되었다.

1888년 11월, 당시 대통령이 참석한 가운데 개소식이 있었다. 이 행사에 참가하기 위해서 세계 곳곳에서 많은 사람들이 몰려왔다. 이 무렵 파스퇴르의 몸은 이미 쇠약해져 있었고 가벼운 뇌출혈이 때때로 일어났으므로 이 행사에서는 파스퇴르가 쓴 연설문을 아들이 대신 읽었다. 이 연구소 외에도 실험동물을 위하여 파리 교외에 지소를 설치했고, 리옹과 리르에도 지소를 두었다. 또 구식민지에 4개, 루마니아 등 동구 여러 나라를 포함하여 수십 개에 이르는 파스퇴르연구소의 지부가 세워졌다.

이 연구소의 연구 과제는 기초 및 응용 미생물 전 분야에 걸쳐 있고, 현재는 분자생물학, 방사선 치료, 물리화학, 생화학 등의 연구 분야 외에 의학·약학자를 양성하는 기관과 병원도 있다. 제2차 세계대전 이후부터 재정적 어려움을 겪고 있지만 미생물학과 분자생물학 분야는 국가로부터 후원을 받고 있다.

지금까지 거론한 학회나 전문 연구 기관의 일반적인 형성 과정과 조직을 살펴보았다. 이를 다음과 같은 유형으로 분류할 수 있다.

→ 중앙화

A 지역 일반	C 중앙 일반
B 지역 전문	D 중앙 전문

전문화↓

A) 개인 혹은 몇몇 동호자를 핵심으로 대학 혹은 도시에 과학클럽, 학예아카데미가 형성된다.

B) 과학의 전문화로 위의 지방 아카데미 중에서 전문별 분화가 일어난다.

C) 철도의 발달, 정부의 개입으로 보통 한 국가의 수도에 국립 과학아카데미나 학사원이 세워지든가 아니면 과학자 자신의 주도로 지역 학회를 연합한 통일과학협회가 형성된다.

D) 한 국가 단위의 전문별 연구자 집단이 형성되고, 전문 연구자의 토론·발표의 장이 된다.

2. 프랑스혁명과 과학의 전문 직업화 및 교육 개혁

'자연철학'에서 자연과학으로

18, 19세기는 과학이 크게 변혁된 기간이다. 인류는 자유로이 해방되어 번영과 진보의 길을 걸었고, 과학은 새로운 물질문명의 불가결한 요소로 등장했다. 더욱이 이 기간에 영국의 산업혁명과 프랑스의 계몽 운동과 정치혁명은 사회 전반에 걸쳐서 커다란 변혁을 몰고 와 과학 발전의 촉진제 구실을 했다.

이러한 사회적 배경 속에서 과학, 정확히 말하면 자연철학은 점차로 현재와 같은 과학의 성격을 띠기 시작했고, 전문적으로나 직업적으로 과학 연구에 종사하는 사람들이 등장하기 시작했다. 이것은 새로운 상황이었다. 물론 19세기 이전에도 역사적으로 이름을 남긴 유명한 과학자들이 많이 활동했지만, 19세기 이전과 이후를 비교할 때 과학자의 사회적 위치는 근본적으로 달라졌다. 19세기 이전에는 자연과학을 다른 영역의 지식과 뚜렷하게 구별할 수 없었으므로 자연과학을 표현할 때 철학의 한 분야로 생각했다. 따라서 일반적으로 자연과학을 '자연철학'이라 불렀고, 과학자를 '자연철학자'라고 불렀다.

그러나 18세기를 지나면서 자연과학은 점차 전문화되어 갔다. 이로써 과학 연구는 성직자나 의사처럼 아마추어로부터 떨어져 나왔고, 19세기에는 과학으로 생계를 유지하는 '직업인'으로서의 과학자가 등장하기에 이르렀다. 이런 상황이 곧 과학의 전문 직업화이며, 과학의 제도화이다.

과학의 전문 직업화는 프랑스혁명 후의 프랑스 교육 구조 속에서 가능했다. 프랑스혁명은 과학을 직업으로 확립시키는 데 있어서 매우 결정적인 역할을 했다. 근대과학은 이미 17세기 후반부터 점차 사회에 영향을 미치기 시작했고, 과학 잡지의 발간과 학회의 형성은 이 시기의 산물이었다. 하지만 과학을 담당한 사람은 아마추어든가, 아니면 예외적인 과학아카데미 회원으로 한정되었다. 소수의 몇몇 사람만이 대학에서 수학이나 역학을 강의했다. 그러나 그 강의는 직업으로서 근대과학의 훈련을 받으려는 학생에게 시행된 것은 아니었다. 당시 전문 직업이라면 성직자, 법관, 의사 등 중세적인 것이 압도적이었고, 18세기 이전의 대학을 비롯한 고등 교육 기관은 과학 연구의 중심지가 아니었다. 결국 과학이 전문 직업으로 된 것은 프랑스혁명 이후였다.

프랑스혁명과 나폴레옹

프랑스에서 최초로 과학의 전문 직업화가 가능했던 것은 대략 1795년 이후 정치 체제가 안정된 시기부터였다. 이 시기는 혁명의 성과 일부분을 계승했던 부르주아적 진보주의 사상이 지배적이었고, 급진파를 배제하는 쪽으로 나아갔다. 그리고 이 시대의 공화국 건설의 이념은 반혁명적인 여러 외국에 대항하기 위하여 강력한 산업 국가를 수립하는 데 있었다. 주요 경쟁국은 물론 산업혁명을 치렀던 영국이었다.

한편 과학자는 행정부의 중심부에 자리를 잡기 시작했다. 화학자인 샤프탈(J. A. Chaptal)은 산업 추진의 지표를 밝힌 정부 고관이었다. 혁명 정부는 과학자인 몽주(G. Monge)나 카르노(S. Carnot)와 같은 열렬한 공화주의자로 하여금 국가의 과학 정책을 수립하게 하고 그 운영에 직접 참여하도록 했다. 그들은 과학 분야에서 매우 과감한 정책을 실시했다. 한 가지 예로서 혁명 정부의 도량형 제도의 수립을 들 수 있다. 이러한 예는 공화국에서 근대과학의 지위가 현저하게 향상된 본보기였고, 이것은 과학을 직업화하는 데 불가결한 요인이었다. 각급 학교에서는 상당수의 교수와 과학자가 필요했고 학사원은 과학자에게 충분한 보수로 보답했다. 과학의 전문 직업화의 조건은 프랑스혁명 이후에 이렇게 해서 해결되었다.

1830년대에는 박사학위가 과학을 전공하는 학생들의 목표였다. 전문 직업화를 위한 요인은 과학자에게 사회적으로 명예 있는 지위를 부여하는 일이다. 유명한 대학의 교수 지위를 얻는 것만으로도 과학자에게는 사회적으로 명예스러운 일이었다. 과학 분야의 교수가 사회에 진출한 것은 프랑스의 산업과 군사 분야에서 과학이 매우 중요하다는 실용주의적 입장 때문이었다.

한편 구체제는 위계적 사회로서 재산과 출신 성분이 거의 모든 것을 결정했지만, 자코뱅주의는 강한 평등주의의 이념을 바탕으로 출신 계층이나 재산에 관계없이 능력이 모두를 결정지었다. 그리고 테르미도르 이

후 부르주아적 안정을 열망한 사람들도 어느 한쪽으로만 치우치지 않고 능력 본위와 엘리트 계층제를 선택했다.

프랑스혁명 중 과학자는 사회 체제 안에서 주체적인 역할을 해냈다. 더욱이 과학이 국가적 이념이라고 말할 정도의 위상을 갖게 된 것은 나폴레옹이 권력을 장악한 이후였다. 사실상 나폴레옹의 최초의 정치적 승리는 학사원 안에서 일어났다. 나폴레옹은 과학자들에 의해서 피선되어 학사원 제1분과의 회원이 되었다(이때 유효 투표수 40표 중 26표를 얻었다). 1799년의 쿠데타로 기존 체제를 무너뜨린 나폴레옹은 과학을 자신의 체제의 이념적 활성화의 도구로 이용하려고 했다. 그는 의원의 대다수가 원하지 않았음에도 불구하고, 1807년에 창설한 레종 도뇌르(Légion d'honneur)를 무공을 세운 군인뿐만 아니라, 산업 진흥에 힘을 쓴 사람이나 과학자에게도 수여할 계획을 세웠다. 천문학자인 라플라스(P. S. M. de Laplace)도 훈장을 받은 사람 중 하나였다. 여하튼 나폴레옹에 의해서 과학자는 사회적으로도 인정을 받았다. 나폴레옹에 의하면 과학은 가장 존경할 가치가 있는 것으로서 문학 위에 있다고까지 말했다.

한편 나폴레옹의 등장으로 프랑스혁명은 그 성격이 크게 바뀌었다. 그는 군사적 천재이지만 행정 문제에도 폭넓은 관심을 가졌다. 그는 1808년 대담한 교육 개혁을 단행했다. 프랑스 각지의 이학, 문학, 의학, 법학의 각 고등 교육 기관과 중등 교육 기관이 '유니베르시테'라는 단일 조직으로 일원화되어 관리되었다.

이처럼 프랑스의 과학 제도화의 진전은 프랑스혁명으로부터 보불전쟁에 이르기까지 혁명이나 전쟁과 같은 사회적, 정치적 격동을 계기로 진행되었다. 이것은 과학과 기술이 근대국가의 형성과 발전에 있어서 불가결한 요소임을 잘 말해 주고 있다. 획기적인 것은 구체제 과학아카데미 회원이었던 과학자들이 교단에 서서 강의했다는 사실이다. 20세기 미국의 과학사가인 길리스피는 "과학자는 교수가 되었다."라고 말했는데, 이 말은 의외로 그 의의가 깊다. 수학자 몽주나 라그랑주(J. L. C. Lagrangue)는 과학자이자 교수였다. 제도화된 근대과학에서 생긴 최초의 일이었다.

직업적 과학자 계층의 출현

17세기는 과학혁명의 시기로 근대과학이 성립한 세기지만 19세기야말로 과학 연구의 체제사나 제도사 위에서 과학이 전문 직업화되고, 과학자가 사회에서 일정한 지위나 신분을 획득한 시기였다.

17세기의 역학적 근대 세계관은 18세기에 꽃을 피웠고, 19세기에는 직업적 과학자가 하나의 사회적 계층으로서 등장했다. 바꿔 말하면, 17~18세기에 새로운 사상을 형성했던 과학자가 20세기에는 사회적 기성세력이 되었는데, 그 세력 형성의 기원이 곧 19세기에 나타났다. 물론 과학 연구를 터전으로 생활했던 사람들은 이전에도 있었지만, 그들의 생활 터전은 궁정이거나 아니면 18세기 프랑스에서처럼 국가의 관리로서였다.

19세기에 과학이 직업화했다고 말할 때, 그 직업을 제공한 주된 터전은 대학이었다. 그때까지 대학의 기능은 지식을 전승하는 곳으로서 보수적 성격을 띠고 있는 것이 보통이었지만, 19세기(특히 독일의 대학)에 들어와서 지식의 개발이 대학의 중요한 기능으로 부각됨으로써 교육과 연구라는 두 가지 기능이 연결되었다.

대학은 재생산의 장으로서 연구자로서 능력을 지닌 많은 과학자가 확대되고 재생산되었다. 그러나 재생산된 과학자들을 고용하는 곳으로 대학은 충분하지 않았다. 따라서 그들은 일할 곳을 찾아 국가 조직이나 산업계 속으로 진출함으로써 사회에서 독특한 지위를 지닌 직업 집단으로 전환되었다.

물론 그 배경으로 정부나 산업계가 과학의 필요성을 인식한 면도 있었지만, 그 인식을 가능하게 하기 위한 객관적인 조건이 필요했다. 이러한 인식을 정부나 산업계에 최초로 심은 것은 과거의 지식인층이나 직인과 다른 근대적 훈련을 경험한 과학자 계층이었고, 또한 이러한 인식은 정부와 산업계와 과학계의 상호 작용으로부터 생겼다고도 볼 수 있지만, 처음부터 정부나 기업이 의도적으로 과학자 계층의 형성을 지원한 것은 아니었다. 이는 무엇보다도 과학자 계층이 사회에서 근대과학의 유용성을 주장했기 때문이다.

근대국가와 과학의 관계는 군사적인 것만은 아니었다. 근대국가는 도량형, 측량, 위생 사업 등도 포함해 연구했다. 특히 산업 진흥이 국가 정책으로 발돋움한 단계에서는 산업 기술의 기초적 연구나 자원 조사도 국가에 의해서 이루어졌고, 동시에 이러한 일은 근대적 과학 기술자의 손에 의해서 실시되었다. 더욱이 19세기에 과학의 직업화에 따라서 자유인으로서의 과학자의 모습이 점차 짙어지고, 과학자를 고용하는 곳은 대학뿐만 아니라, 군사나 조사 사업을 위한 정부, 이윤 추구를 위한 기업체의 연구소 등이었다.

과학 교육의 개혁

이공대학

프랑스는 혁명을 통해서 과학 기술의 위상을 크게 올려놓았을 뿐만 아니라, 과학 기술의 국가적 중요성을 깊이 인식하여 새로운 과학 기술의 교육 체제를 강화했다. 또한 혁명 정부는 프랑스혁명을 반대하는 유럽 여러 국가와 끊임없는 전쟁 때문에 기술자와 포병장교, 그리고 공병장교의 부족을 통감했는데, 이는 혁명 이전의 기술장교의 대부분이 망명해 버렸기 때문이었다. 따라서 자코뱅파나 대부르주아 모두에게 전문기술자의 양성은 긴급한 과제의 하나였다.

1793년 기술 교육을 위한 기초 교육 기관의 창설이 제안되었고, 공화국 3년인 1794년 9월 28일 국민공회에서 공공사업중앙학교(Ecole Centrale des Travaux Publics)의 설치가 만장일치로 결의되었다. 같은 해 11월 26일에 수학자 몽주가 교과 과정을 만들고 30일에 개교했다.

처음에는 부르봉 궁전을 학교로 사용하면서 여러 도시에서 경쟁시험을 통해 학생을 선발했다. 선발된 전 학생에게는 장학금이 지급되고 수업

기간은 3년이었다. 초대 교장은 수학자 라그랑주였다. 라그랑주 이외에 천문학자 라플라스, 수학자 푸리에, 몽주, 화학자 베르톨레, 샤프탈, 푸르 크로아 등이 교수로 영입되었다. 그 후 1795년 9월 19일 이공대학(École Polytechnique)으로 개칭되었다.

덴마크의 천문학자 뷔케는 1798년부터 1799년에 걸쳐 6개월 동안, 파리에 머무르면서 혁명 시대의 파리 과학 교육의 상황을 살펴보았다. 이 기간은 매우 적절한 시기였다. 그것은 이공대학이 개교 이래 여러 해가 지나 일정한 궤도에 올라 있었고, 나폴레옹이 학교의 군사화를 강화하기 바로 이전이기 때문이다.

뷔케에 의하면 1학년 때는 대수학, 해석기하학, 화법기하학 강의가 실시되고, 화학과 역학을 포함한 일반물리학도 강의했다. 2학년 때는 도로 교량 기술, 건축학, 유체역학, 수역학, 역학, 유기화학의 강좌가 개설되었다. 3학년에서는 축성법, 해석역학이 강의되었다. 또 뷔케의 기록을 바탕으로 제도적 측면을 보면, 개교 당시의 학생은 16세부터 20세까지 386명이었다. 이들은 프랑스 국내의 22개 시험장에서 시험을 치렀는데, 시험 과목은 대수, 삼각법, 물리학으로 엄격한 경쟁시험이었다. 나폴레옹이 정권을 장악하기 이전까지는 학생들이 학업을 계속할 수 있을 정도의 장학금이 지급되었다. 그리고 출신 계급에 구애받지 않고 능력 본위로 선발한다는 점에서 분명히 혁명적 분위기를 반영하고 있었다.

이공대학의 교과 과정 편성에서 가장 공헌을 한 사람은 수학자 몽주이다. 몽주는 화법기하학을 최초로 수립한 사람으로 오늘날 공학부 학생들이 필수 과목으로 배우는 제도학은 여기에서 유래했다. 뷔케의 기록에 의하면 몽주는 이 과목을 1학년 학생에게 강의했다고 한다. 몽주의 이 기하학이 없었다면 19세기에 기계의 대량 생산은 불가능했을 것이라고 말해도 좋을 만큼, 이 분야는 근대공학 확립에 커다란 의미를 지니고 있다. 그때까지 기술은 중세적인 직인적 전통 속에서 숙련에 의해서 이룩되었지만, 이때부터는 그것과는 다른 이질적인 기술 패러다임이 나타났던 것이다. 나폴레옹은 이공대학에도 많은 관심을 표명하고 간섭했다. 이 때문에 이 학교는 창립 당시의 민주적 성격을 잃었다.

고등사범학교

한편 프랑스는 고등사범학교(École Normale)를 설립했다. 이공대학 졸업생이 행정부나 산업계에서 영광의 길을 걸었다면, 연구자 양성이라는 점에서 고등사범학교의 역할은 매우 컸다. 고등사범학교는 1795년 1월 21일부터 수업을 시작했다. 이 학교는 입학자에 대한 신분적 차별을 일체 폐지하고 능력 중심으로 선발하여 이들을 교육한 후, 과학 교육 혁신의 선두에 나서도록 했다. 이 학교가 천문학자 라플라스와 수학자 라그랑주 등을 교수로 초빙한 사실은 과학사상 특기할 만한 가치가 있다.

이 학교의 발전을 상징적으로 보여주고 있는 것은 파스퇴르의 경력이다. 파리에 온 청년 파스퇴르가 선택한 학교는 이공대학이 아니고 고등사범학교였다. 이런 사실로도 이 학교의 평가를 알 수 있다. 재학 시절부터

ANNALES

SCIENTIFIQUES

L'ÉCOLE NORMALE SUPERIEURE,

PUBLIÉES SOUS LES AUSPICES

DU MINISTRE DE L'INSTRUCTION PUBLIQUE,

Par M. L. PASTEUR,
MEMBRE DE L'INSTITUT,
DIRECTEUR DES ÉTUDES SCIENTIFIQUES DE L'ÉCOLE,

UN COMITÉ DE RÉDACTION COMPOSÉ DE MM. LES MAITRES DE CONFÉRENCES.

TOME PREMIER — ANNÉE 1864.

PARIS,

GAUTHIER-VILLARS, IMPRIMEUR-LIBRAIRE
DE L'ÉCOLE IMPÉRIALE POLYTECHNIQUE, DU BUREAU DES LONGITUDES,
SUCCESSEUR DE MALLET-BACHELIER,
Quai des Augustins, 55.

1864
(L'éditeur de cet Ouvrage se réserve le droit de traduction.)

『에콜 노르마 연보』 창간호

뛰어난 과학적 재능을 인정받아 왔던 파스퇴르는 졸업 후에 중등 교육 기관(Lysee)의 교사가 되지 않고 실험실 조수로 모교에 남아 연구를 계속했다. 그리고 학위 취득 후에 스트라스부르의 과학 고등 교육 기관의 화학 교수 겸 책임자로서 연구, 교육, 관리라는 중책을 맡았다.

1857년에 파스퇴르는 모교인 고등사범학교 이학부 학부장으로 파리에 다시 돌아왔다. 1871년의 보불전쟁은 그에게 커다란 충격을 안겨 주었다. 전쟁이 시작된 지 얼마 안 되어 파리는 강력한 프러시아군에게 포위되고 말았다. 제2제정이 붕괴하고 정권을 장악한 파리의 임시정부는 프랑스혁명 당시의 경험을 살려 포위망을 돌파하기 위해 과학자와 기술자뿐만 아니라, 일반 시민으로부터 아이디어를 모았지만, 이렇다 할 성과

없이 1872년 프러시아군에게 항복하고 말았다.

프랑스의 패배를 눈으로 지켜본 파스퇴르는 이 패배의 원인을 1850 년 이래 프랑스 과학 정책의 빈곤에 있다고 결론을 내렸다. 실제로 보불 전쟁 후에 발족한 프랑스 제3공화국의 과학자와 지식인은 반성과 자기비 판을 통하여 대학을 재정비하는 등 과학의 제도화를 강력하게 추진했다.

과학의 제도화

과학의 발달에 관한 연구는 과학의 영역으로, 이 경우 과학 발달의 역 사적 계보나 과학 발달에 대한 사회적 조건의 역사적 분석이 중심이 된 다. 이에 대해 과학사회학은 과학의 발달을 취급할 경우에 특히 과학의 제도에 관심을 가진다. 사실 과학의 제도화는 과학의 발달 원인임과 동시 에 결과이며, 바로 그 지표이다.

어느 학문 분야(discipline)가 학계, 특히 일반 사회에서 독립한 전문 영 역으로서 시민권을 인정받기 위해서는 지적 아이덴티티(cognitive identity) 와 전문적 아이덴티티(professioned identity)가 필요하다. 전자는 그 학문의 독립성, 고유성, 자율성의 인정에 의해서 성립한다. 고유의 연구 대상, 적 절한 방법론, 체계화된 이론, 성과에 관한 합의와 평가를 얻고 그 사회적 또는 학문적 가치가 승인될 때, 지적 아이덴티티를 얻는다. 이에 대해서 전문적 아이덴티티는 그 학문의 지적 아이덴티티를 기초로 하여 제도적 으로 승인됨으로써 얻는다. 과학 발달의 초기 단계에서는 다른 학문과의 차이를 강조하고, 그 사회적 유용성이나 학문적 자율성을 강조하지만, 일단 시민권이 확립되면 인접 과학과의 협력을 안심하고 수행하게 된다. 예를 들면 과학사회학이라 할지라도 과학사나 과학철학과의 상하위를 따지기보다는 관계의 긴밀화를 강조한다.

과학의 제도화는 네 가지 측면을 가지고 있다. 첫째, 대학에 공적인 터전을 가지는 일이다. 예를 들면 강의 제목, 강좌, 학과가 만들어지고, 전문 교수나 학생이 존재한다. 따라서 과학의 제도화는 대학 제도와 밀접하게 관계하고 있다.

둘째, 일반 사람들, 특히 정부가 어떤 학문 분야를 승인하고, 정신적으로나 재정적으로 원조하는 일이다. 학문의 제도화는 단지 해당 학문이나 학계 내부의 문제가 아니라 사회적, 정치적 현상으로 각각의 학문은 대사회, 대정부의 선전이나 활동을 통해서 그 제도적 지위를 높이려고 노력한다.

셋째, 전문 연구 집단이 출현하고 학회를 조직하는 일이다. 학회는 전체 또는 지역적인 학계와 개개의 연구자를 매개하는 중간적인 집단으로 그 자체가 흥미 있는 대상이다. 거기에서 지위 구조, 회원 자격 인정 제도, 논문 채택 방식 등은 학문마다, 국가마다 크게 다르지만 각각의 특성을 반영하고 있다.

넷째, 정기적으로 그 학문의 성과를 발표하는 공적 기관(대회 등)을 지니고 전문 잡지를 발행하는 일이다. 과학은 공적인 지식으로서 그 가치는 기존의 지식에 새로운 지식을 추가하는 데 있으므로 연구 성과를 끊임없이 발표하는 것이 요구된다. 그 때문에 학회의 최대 임무는 대회의 개최와 기관지의 발행이다. 각기 자신의 기관지를 가지는 것은 그 학문이 다른 학문이나 외국의 학회에 의존하지 않고 존재한다는 것을 의미한다. 전문지의 기원은 17세기까지 거슬러 올라가며 그 기능은 지식의 공개, 동종 또는 인접한 학문의 전문가 사이의 커뮤니케이션, 그리고 그 학문의 힘 정도를 나타내는 지위 상징이다. 또 책을 펴낼 정도의 '이름'이 없는 사람에게 발표의 기회를 주고 발표의 선취권을 보장하며 서평을 실어서 평가 기능을 한다.

3. 독일 대학의 역할과 특징

독일 대학의 경제적 조건

대학이 과학 연구의 기관으로 역사상 처음 등장한 것은 19세기의 일이었다. 중세 이후의 유럽 대학의 주된 기능은 기존 학문의 전승이지 과학의 개척은 아니었다. 따라서 르네상스부터 17세기 과학혁명기까지 새로운 과학의 개척은 학회 등 자유로운 연구 단체 안에서 실행되었고, 일반적으로 대학은 진보에 대해서 보수적인 역할을 했다.

19세기 전반에도 영국의 대학은 상류 계층의 독점물이었다. 대학은 직업을 가질 필요가 없는 귀족의 자제에게 교양을 심어주는 주된 장소로, 학생은 신학 등을 배워 교회 관계의 일을 할 것을 전제로 역사나 과학에 관심을 가졌을 따름이었다. 따라서 과학을 직업으로 삼으려 하지 않았고, 또한 그것을 의도하는 일도 적었다. 법률이나 의학 관계의 일을 하는 사람도 마찬가지로 아직 중세적 전통에서 벗어나지 못했다.

이 같은 대학의 귀족성이 무너지기 시작한 것은 프랑스혁명의 시기였고, 혁명 정신을 체험한 고등 교육 체제의 영향은 스코틀랜드나 독일을 비롯해서 유럽 여러 국가, 멀리는 미국에까지 미쳤다. 그러나 나폴레옹 체제, 왕정복고로 이어지는 사이에 연구의 광장은 대학보다 오히려 프랑

144

스학사원(Institut des France)이 속해 있는 아카데미 같은 곳에 한정되었고, 대학의 기능은 프랑스 칼리지(College de France)를 제외하면 주로 관료·기술자의 양성, 아니면 자격 수여를 위한 정부의 시험 기관에 불과했다.

대학이 참된 과학 연구를 추진하는 광장으로 변모한 것은 19세기 독일의 대학에서였다. 독일 대학의 발전을 말할 때, 그것은 독일 대학에 있어서 철학부의 발전이라 말해도 좋다. 그중에서도 특히 이과계의 발전이 눈에 띄었고, 19세기부터 20세기에 걸쳐서 점차 이학부로 독립해 나갔다.

영국의 옥스퍼드나 케임브리지형의 신사 교육은 학부모의 경제적 부담이 커서 귀족이나 부유한 계층에만 문호가 개방된 셈이었다. 하지만 독일에서는 학생의 수업료 대부분을 정부가 부담하여 학부모의 부담이 크지 않았기 때문에 중산 계층 출신자에게 문호가 넓게 열려 있었다. 물론 전통적인 법학, 의학 관계의 직업을 얻기 위해서 대학을 나와 독립할 때까지 상당한 기간 동안 재정적 부담을 안아야 했지만, 철학부 출신자에게는 당시 발전하고 있던 중등 교육 기관의 교사로서의 직업이 대학 졸업 직후에 열려 있었으므로 경제적 부담이 적었다. 요컨대 신흥 과학자층은 전통적인 지적 계층이었던 상층 계층보다 오히려 중산 계층의 재능을 흡수할 수 있었다.

전통적인 여러 학문에 비해서 신흥 과학은 르네상스 이래, 신흥 부르주아지 중산 계층의 흥미에 적합한 것으로 인정되어 왔다. 과학이 중산 계층에 뿌리내린 것은 영국의 대학에서도 잘 나타나 있다. 옥스퍼드나 케임브리지와 같은 오래된 두 대학은 국교파, 상층 계층의 자제들이 독점하여 성직자, 판사, 의사를 배출한 데 반해서, 새로운 독일 대학, 특히 베를린대학을 모방하여 개설한 런던대학은 비국교파, 중산 계층의 자제에게도 문호가 열려 있었고 처음부터 화학, 실험철학(물리학, 증기기관도 포함), 경제, 지리, 공학과 같은 '실학'을 가르쳤다.

특징과 모형

독일 대학의 전형이 형성된 것은, 나폴레옹이 국가 관료 양성 기관으로 대학을 설립한 데 대한 반동화로서 국가 권력, 세속 권력으로부터의 학문의 자유를 주장한 훔볼트(K. W. von Humboldt)의 베를린대학 창설 제안에 의해서였다. 제도적으로 이 제안은 중세 학자의 공화국에 대한 복귀의 뜻도 포함되어 있다. 그 골자는 배워야 할 과목 선정에 대한 학생 측의 자유와 교수 내용 및 연구 내용에 대한 교수 측의 자유였다. 또 입학 학생 수에도 정원이 없고, 자유로이 독일 내의 여러 대학을 이동하면서 좋아하는 강의를 들을 수 있었다. 제1차 세계대전 이후에 경제적 이유로 학생의 이동이 감소되었지만 대학 시절에 평균적으로 한 번은 이동했다.

교수진은 하빌리타치온(Habilitation)이라는 자격을 가진 사강사(Privat Dozent) 이상으로, 학생들로부터 청강료(honorarium)를 받아 자유로이 개강했으므로 새로운 강의와 전문 분야가 규제를 받지 않고 자유로이 설강되거나 폐강되었다. 특히 철학부나 의학부 같은 새로이 발전하는 이학계 학과에서는 사강사가 많이 나와 새로운 분야가 많이 개척되었다. 더욱이 학생들을 끌어들이기 위해서 교수진은 참신한 강의를 시도했으므로 인기 있는 강의에는 학생이 집중되었다.

하지만 이처럼 자유 경쟁, 방임주의적 강의 형식은 일반 교육에 적합할지 몰라도 고도로 전문화된 과목, 실험 실습이나 임상 지도에는 시설이 뒤따라야 하므로 적은 수의 뛰어난 학생만 모였다. 또한 교수 측에서는 다수의 학생을 모아 돈을 벌기 쉬운 일반 강의를 좋아하는 경향이 나타났으므로, 청강료만으로 생활의 터전을 삼고 있는 젊은 사강사에게는 심각한 생활 문제가 뒤따랐다. 한편 의학계, 공학계 교수는 대학에서의 수입 이상의 액수를 대학 밖의 부수입에 의존했다.

이처럼 사강사는 전문 분야에 따라서 수입이 불균형하고 새로운 특수 영역의 개발을 소홀히 하는 경향이 있었으므로 오스트리아에서는 1896년에 이 제도를 폐지했다. 독일에서는 제1차 세계대전 후에 학자의 경제적 빈곤을 없애기 위해서 정부가 보조금을 지급하여 이 제도의 보존에 노력했지만, 나치 시대부터는 고정급 조교 제도가 도입되고 있다.

19세기 독일 대학은 정교수(Ordentlicher Professor)만으로 구성된 교수평가의회와 여기서 선출된 학장을 최고 의결 기관으로 삼고 있었다. 학장은 정부에서 임명한 관료가 아니므로 교수회의 자치 권한이 강력하여 대학 자치가 보존되었다. 그러나 훔볼트나 헬름홀츠가 주장한 대학의 자치는 반드시 장점만 있는 것은 아니었다. 그것은 대학이 길드화하고 특권화하여 새로운 학문의 발전을 억압하는 일도 있기 때문이다. 중세 대학과 같은 대학의 자치는 특히 신흥 자연과학의 새로운 발견을 저해하는 요인으로서, 새로운 바람이 오히려 대학 밖으로부터 불어 줄 것을 훔볼트도 기대했다. 게다가 독일의 대학교수는 본질적으로 국가의 관리로서 국가에 종속되어 있었다. 또한 전문화, 세분화 속에서 특권화한 대학교수 사이에는 연대성이 부족하고 시민적 자유의 개념이 결여되었기 때문에 나치에 의한 대학 통제에 저항할 힘이 없었다.

이처럼 대학의 자치가 연구의 추진에 적극적인 역할을 연출했다고 볼 수 없다. 예를 들어 대학 내의 자치적 자기 규제 때문에 무신론자, 유대인, 사회주의자는 대학에서 자리를 얻기 어려웠고, 이미 1840년대에 대학의 자치는 자유주의적인 과학자의 과학 촉진에 반동적인 역할을 했다.

제도상으로 독일 대학의 학문의 자유(Akademische Freiheit)에는 학생 측의 청강 선택의 자유, 교수의 연구와 교수 내용의 자유 이외에 학생과 교수의 이동의 자유라는 요소가 있었다. 그것은 프랑스처럼 파리 중심의 중앙 집권적 체제가 아닌, 연방주의 여러 대학 사이의 경쟁 때문에 성립되었다. 초기에는 괴팅겐, 베를린, 본, 하레 등 프러시아의 대학이 앞섰지만, 후에 라이프치히, 하이델베르크, 뮌헨 등 남부 독일 전체로 연구와 교육의 중심이 옮겨감으로써, 교수와 학생의 이동 자유의 범위가 훨씬 확대되었다. 또한 연구 중심의 제도로부터 인문과학에 세미나제가 생기고, 자연과학에서는 이에 맞서 리비히가 시작한 학생 실험 제도가 도입되었다.

독일의 대학 제도는 영국, 프랑스, 미국 등 선진국에서뿐만 아니라 러시아, 유럽의 작은 국가나 후진국의 모범이 되었다. 연구자는 독일을 정신적인 모국으로 삼았고, 대학 학장이나 교육자는 독일 대학을 시찰하여 그 제도를 따르려 했다. 1826년 영국에서 런던대학을 개설할 때 독일의 대학, 특히 베를린대학을 모델로 삼았고 중산 계층의 자제에게도 문을 열어주었다. 자존심이 강한 프랑스까지도 나폴레옹 3세가 1868년에 고등실업학교(École pratique des hautes etudes)를 파리에 설립할 때 독일 대학의 제도를 도입하고 모방했다.

리비히와 기센대학

19세기 초까지 독일은 2백여 개의 크고 작은 봉건국가로 나뉘어져 있었다. 그중에서 프러시아가 가장 강력했다. 1806년 프러시아군이 나폴레옹군에게 굴욕적인 패배를 당하자 독일 민족의 내셔널리즘이 대두했다. 이미 독일의 여러 봉건국가는 독일어를 매개로 문화적 일체성을 지니고 있었고, 특히 문학이나 철학에서 빛나는 전통이 있었다. 따라서 독일의 지도적인 지식인들은 광범위한 문화 운동을 통하여 패전의 상처를 씻고 독일 민족을 각성시키는 데 노력했다. 그 후 보불전쟁에서 전격적인 승리를 거둔 프러시아를 주축으로 1872년 독일 제국이 탄생하여 세계열강 속에 재빨리 끼어들었다.

우선 독일은 교육에 큰 관심을 가졌다. 프러시아는 수도 베를린에 대학을 창설했다. 이 대학 창설의 주인공은 프러시아의 문교 장관, 언어학자, 철학자인 훔볼트와 자연철학자인 셸링(F. W. J. Schelling) 등이었다. 이들은 독일 관념론 철학의 입장에서 학문론을 폈다. 그들에 의하면 종래의

기센대학 화학·약학 교실의 유학생 출신국

등록자 총수	영국	프랑스	스위스	미국	오스트리아	러시아	기타
169	59	22	36	13	10	12	17

대학은 통일적인 이념이 부족하고, 신학, 법학, 의학 등을 중심으로 각 대학이 각기 성직자와 관료, 그리고 의사의 양성에 그치고 말았다고 지적하면서, 진리의 전당인 대학은 모든 분야에 걸친 '학문' 추구의 도장이어야 하고, 동시에 '인격 도야'의 장이 되어야 한다고 주장했다.

이런 상황 속에서 19세기 과학 교육의 새로운 선구이면서 대성공을 거둔 곳이 기센대학의 리비히의 화학 교실이었다. 리비히는 기센대학에서 명망 있는 교수로서의 재질을 발휘했다. 그는 정열과 실력으로 학생들을 사로잡았다. 일반 학생을 위한 실험실을 세워 학생들과 과학자를 교육했고, 25년간 기센대학을 세계 화학 연구의 중심지로 만들었다. 1829년부터 1850년 사이에 세계 각국으로부터 이 대학에 유학을 온 학생은 총 169명으로 국가별 유학생 수는 다음 표와 같다.

리비히는 1824년 남작의 작위를 받고, 1852년에는 뮌헨대학의 교수가 되어 일생 동안 그곳에서 연구를 계속했다. 그는 유명한 『리비히 연보』(Liebig's Annalen Chemie)를 편집했다. 이 잡지는 1832년에 창간되어 오늘날까지 화학 연구실에 없어서는 안 될 국제적인 문헌이다.

기술 교육

나폴레옹 전쟁 때 패배했던 독일은 낙후성을 벗어나려고 무한한 노력을 했다. 당시 프러시아의 보이드와 같은 진보적인 관료들은 공업을 육성하여 독일의 근대화를 실현하려고 시도했고, 그 기반으로서 기술 교육의 정비에 적극 노력했다. 나폴레옹 전쟁 후, 영국을 방문한 보이드는 산업혁명의 소용돌이 속에 있던 영국의 근대적인 공장이나 기계 시설에 감탄하고, 이런 설비나 기계를 독일에 도입해야 한다는 필요성을 느낀 나머지 독일의 공업화를 담당할 기술자 양성의 필요성을 통감했다.

18세기 말엽에 독일에는 이미 프라이베르크나 베를린에 광산학교가 세워져 광산기술자를 양성하고 있었다. 그러나 전문 분야나 규모가 한정되어 있었으므로 보이드는 1821년 종래의 기술학교를 재편하여 베를린에 새로운 기술학교를 설립했다. 이와 때를 같이하여 파리의 이공대학에 유학 경험이 있던 기술 관료들을 앞세워 1825년 칼스루에 이공대학을, 1827년 뮌헨에 중앙공과학교를 설립했다.

독일은 이와 같은 일련의 기술학교 설립 과정에서 프랑스의 이공대학을 모델로 삼았다. 그러나 전술한 바와 같이 이공대학이 프랑스의 최고 과학 기술 교육 기관이었던 것에 반하여, 독일의 기술학교는 대학보다 하급의 교육 기관으로 출발했다. 그리고 독일에서는 이론적인 고도의 과학 연구와 교육은 학문 이념을 표방하는 대학에서, 실제 교육은 기술학교에서 실시하는 일종의 분업 체제가 확립되었다.

19세기 중엽 이후부터 기술학교가 서서히 정비되면서 그 규모도 커지고 입학생의 연령과 자격도 높아져 실질적으로 대학과 나란히 고등 교육 기관으로서의 면모를 갖추기에 이르렀다. 기술학교가 발전한 까닭은 공업화의 진전에 따라서 일정한 사회적 세력을 장악한 기술 계층이 있기 때문이었다. 그 후 기술학교는 점차 공과대학이라는 명칭으로 불리게 되었다. 19세기 말의 한 통계에 따르면 독일의 9개의 공과대학에서 모두 1만여 명의 학생이 교육을 받았다.

대학의 후퇴

그러나 독일 대학에도 쇠퇴의 그림자가 나타나기 시작했다. 대학의 쇠퇴의 그림자는 독일의 산업 발전이 한창일 때인 19세기 말기에 이미 나타나기 시작했다. 일반적으로 발전기의 다음 세대가 되면 제도가 굳어져 인재가 축소되는 노화 현상이 생기는데, 독일 대학의 경우에 전문·세분화가 특히 촉진된 점과 대학이 대규모화된 점이 쇠퇴의 원인으로 나타났다.

독일 대학의 교육과 연구의 자유는 확실히 신흥 과학의 발전과 새로운 전문화·세분화를 촉진했지만, 전문화·세분화가 촉진되고 그 내용이 고도에 이르자 종래의 중등(김나지움) 교육과 대학 강의 사이에 틈이 생겼다. 더욱이 독일 대학 제도 하에서는 필연적으로 연구 지상주의가 대두되어 교육을 중요시하지 않고 엘리트주의를 탄생시켰다. 또한 엄격한 중등 교육을 마친 학생이 갑자기 자유스럽고 특수화한 최첨단의 과학을 연구하는 대학에 들어갔을 때, 이들에게 적절한 지도가 따르지 않아 그들은 방향을 잃고 목적했던 연구 욕구마저 잃어버리기 쉬웠다. 이 점에 관해서 파울센 (Paulsen)도 영미계처럼 중등 교육과 독립한 과학 연구 사이에 중간적 존재 (대학에 있어서 '교육 및 지도')가 있는 쪽이 유리하다고 주장했다.

스코틀랜드의 대학은 영국보다 훨씬 민주적이었지만 교수의 수가 많지 않아 교사와 학생 수의 비가 커짐으로써(1:30~60) 비대화 현상이 나타났다. 반면 독일의 대학은 학생이 많이 모이지 않는 특수 전공과목의 교수직에 대해서 정부의 재정적 지원이 있었으므로 교사와 학생의 비가 적정 규모(1:11 정도)로 유지되었다. 그러나 독일의 국력 및 경제력이 증대하고 독일 대학의 명성이 높아짐에 따라서 많은 학생들이 대학에 쇄도했다. 그리고 일정한 자격시험(Abitur)만 치르면 대학 정원이 없으므로 누구나 어느 대학이든 입학할 수 있었다. 한편 교수진은 주로 정부의 예산에 맡겨져 있었으므로 학생의 증가에 따른 교수의 수가 적절하지 않았다. 드디어 독일에서도 학생의 비대화 현상이 나타났다. 이전에 독일 대학에서는 한정된 수의 엘리트를 자유스러운 연구와 교육의 광장에서 가르칠 수 있었지만, 그 엘리트까지도 비대화한 교실에서 교육을 받을 수밖에 없었다. 따라서 정부가 대학생 수를 제한하여 적정 규모로 조정하려고 시도했지만, 그것이 현실화된 것은 나치 독일 치하에서였다.

독일 대학 제도는 과학이 개인 연구를 중심으로 이룩된 전문화의 시기에는 분명히 적절했다. 그러나 전문화가 심화됨에 따라서 대학 학부의 코스는 교육과 연구의 최종의 장으로서 적절하지 않았다. 따라서 다른 국가에 모범시되었던 독일의 고등 교육 제도의 모델이 미국 대학원으로 옮기게 된 까닭이 바로 여기에 있다.

독일 과학의 시대

19세기 중엽 유럽과 미국의 상황을 경제력, 공업 생산력이라는 측면
에서 개관해 보면, 그것은 압도적으로 영국의 시대였다. 19세기 전반 영
국 경제의 변화는 눈부셨고, 그 주역으로 등장한 증기동력은 생산 부문에
서뿐만 아니라 수송 방면에도 확대되었다. 생산 분야에서는 방직뿐 아니
라 면직에도 동력직기가 활용되었고, 영국은 프랑스를 멀리 따돌렸다. 양
모 산업 분야에서도 영국이 으뜸이고, 견직 분야에서는 프랑스가 전통적
으로 강세를 보였지만 독일은 아직 뒤처져 있었다.

수송면에서 증기선이 미국에서 실용화되었지만 대양 항해에서 위력
을 나타낸 것은 19세기 후반이었고, 이보다 철도의 발달이 훨씬 빨랐다.
여기에도 영국이 주역을 맡았고, 프랑스에까지 영국의 기술자에 의해서
철도 부설이 이루어졌다. 철도의 발달은 제철 산업을 촉진했으며, 영국은
이 방면에서도 다른 국가보다 앞장섰다. 한마디로 19세기 말엽까지 영국
은 모든 공업 생산에서 앞서 있었다.

물론 이 생산력이 곧바로 과학 수준이라고 말할 수는 없다. 어쨌든 일
반적으로 과학 분야에서 19세기 초기에는 프랑스가, 중엽에는 독일이 앞
서가고 있었다. 교육과 의학 분야에서도 마찬가지였다. 그렇다면 영국과
프랑스에 비해서 정치적으로 통일되지 않고, 경제적으로도 시장 개척이

늦었던 독일에서 어째서 과학이 발전했는가.

우선 한 국가의 생산력과 과학의 발전 사이에 직접적인 평행 관계가 나오지 않았던 커다란 한 가지 원인은, 오늘날 거대과학 시대와는 달리, 19세기부터 20세기 초기까지는 아직 국가 권력이나 상업 자본이 과학계에 전면적으로 개입하지 않았다는 데에 있다. 이는 과학자의 손에 상당한 자율성이 남아 있다는 사실을 의미한다. 예를 들면, 물리학자 보어(N. Bohr)가 거주한 코펜하겐이 20세기 초 물리학의 세계적 중심지였다는 사실은 이를 잘 반증해 주고 있다.

이 자율성은 19세기 독일의 대학에서 발생한 '학문의 자유'나 '과학을 위한 과학'이라는 말로 상징된다. 17세기 왕립학회 회원과 달리, 직업적인 과학 연구자 집단은 19세기 독일 대학을 연구의 아성으로 삼았다. 독일 과학의 비약적인 발전의 이유로 대학이 자치와 연구의 중요성을 인식한 점이 흔히 거론된다. 그러나 이것은 결과이지 원인은 아니다. 이러한 특징은 반드시 독일에만 존재하는 특징이라고도 할 수 없다. 1830년대의 독일은 연구 정책에서도 후진국이었고, 경험 과학을 촉진할 만한 뛰어나고 참신한 제도가 정부에 의해서 의도적으로 시도된 바도 없었다.

독일 연구 체제의 독특한 점은 곧 분권적, 비중앙적 체제였다. 물론 이것이 의식적으로 채용된 것은 아니다. 독일어계 민족은 정치적으로 분단되어 있었으나 작은 주의 제후들도 경쟁적으로 대학을 세웠다. 프랑스는 나폴레옹 이래 파리 중심의 중앙 집권 방식을 과학 정책에 반영시켜 그 유효성을 과시했다. 그러나 독일에서는 제후의 할거로 그 세력 균형 사이에 연구자의 자유가 유지되었고, 자신들이 소유하는 대학을 보다 발전시키기 위한 제후 사이의 경쟁 때문에 대학의 제도 개선, 우수한 교수의 확보전이 전개되었다. 이것이 보다 좋은 지위와 대우를 요구하는 각 연구자 개인 사이의 경쟁을 유발했고, 보다 우수한 교수를 찾아서 학생들의 이동도 자유로이 실시되었다.

프랑스에서는 제도 면에서 여러 참신한 것들이 준비되었지만, 중앙 집권적 무경쟁 하에서 그것은 곧 노후화되어 버렸다. 그리고 프랑스혁명에 기원을 둔 교육 제도는 제1차 세계대전, 아니면 그 이후까지 아무런 변화도 없었다. 그동안 유일한 예외는 1888년에 창립된 파스퇴르연구소였다. 이것은 세계 최초의 독립된 연구소이지만 제1차 세계대전까지 프랑스에서 유사한 연구소는 더 이상 생기지 않았다.

19세기 초까지도 아직 아마추어 과학 시대였으므로 대부분의 과학 연구자는 다른 직업으로 생활을 지탱하면서 자신이 연구비를 부담하고 취미로 과학을 연구했다. 직업적 조건이 없는 곳에서는 전문화도 무디었다. 프랑스어인 '학자'(savant)는 박학다재한 일반적인 학자를 의미하며, 독일식의 전문 연구자(Forscher)는 아니다. 프랑스에서 전문가는 오히려 무시되었고 또한 19세기에는 아직 과학 연구의 응용이 등한시되었다.

프랑스 정부는 독일의 제후 이상으로 과학의 가치와 실용성을 인식하고 있었다. 뛰어난 연구에 대해서는 상패나 상금, 그리고 대학의 교수 자리를 주면서 학문 연구를 장려했다. 그러나 이것은 젊은 연구자에 대한 장려가 아니고 공적을 세운 연구에 대한 명예나 보수였다. 보통 40~50세가 될 때까지 대학교수 자리를 얻을 수 없었다. 따라서 독창적인 젊은 시절에 과학 연구를 직업으로 삼을 수 없었다.

그러나 독일에서는 상황이 달랐다. 독일에서는 과학이 점차 직업화되었다. 제후와 대학 사이의 경쟁으로 교수 자리가 많이 생겼고, 새로운 분야가 어딘가의 대학에서 설강되었다. 유망한 새로운 분야가 한 대학에서 인정받으면 곧 다른 대학에서도 이를 흉내 냈다. 이처럼 전문화가 진전하고 전문적 연구자의 직업 조건이 확립됨으로써 아마추어 시대가 빨리 막을 내렸다.

독일에서 '과학'(Wissenschaft)이라는 개념은 프랑스나 영국의 '과학'(Science)의 개념과 다르다. 영국에서 문화와 과학에 대한 정부의 지원이 전통적으로 결여되어 있었고, 엘리트 양성소인 옥스퍼드와 케임브리지 두 대학은 지금까지도 중세적 조직의 잔재가 남아 있다. 런던대학을 위시한 신흥 대학들은 사회적 평가에서 계층적으로 두 대학 밑에 위치하고 있었다. 신흥 대학의 내부에 과학이 도입되었지만, 신흥 대학의 낮은 사회적 지위 때문에 과학의 사회적 지위를 낮게 평가하는 결과를 낳았다. 프랑스에서는 나폴레옹 집권 하에서 과학 연구를 의식적으로 중앙집권화함으로써 폐단이 생겼고, 영국에서는 계급 제도가 대학에도 뚜렷이 반영됨으로써 여러 학문 중에서도 과학은 낮은 계층이 짊어져야 한다는 생각이 있었다. 그러나 독일에서는 위와 같은 현상이 나타나지 않았으므로 각 대학이 활성화하고 과학이 발전하여 이후 세계 각국 대학의 모범이 되었다. 동시에 독일 과학의 전성시대를 열었다.

4. 영국 왕립화학학교의 설립

왕립화학학교의 설립 배경

19세기에 영국의 많은 화학도들은 독일의 기센대학에 유학했고, 기센대학의 이 유학생들은 영국에 돌아와 과학의 발전에 크게 공헌했다. 당시 기센대학 실험실은 유능한 인재를 육성했을 뿐 아니라 연구와 교육 기구 그 자체가 다른 국가의 모델이 되었다. 따라서 기센대학 화학 연구와 교육은 독일은 물론 여러 나라의 학생 실험실의 설립을 촉진했다. 국내의 경우 뵐러(F. Wöhler)가 괴팅겐대학(1836)에, 분젠(R. W. von Bunsen)이 마르부르크(1838)와 하이델베르크(1852)에, 에르트먼이 라이프치히(1840년대)에 각기 기센식의 학생 실험실을 설립했다. 이러한 시도는 독일 국내에 머무르지 않고 문화적, 사상적 배경이 다른 외국에도 파급되었다. 영국에서 과학의 제도화에서 중요한 위치를 점유한 왕립화학학교의 설립도 1845년 이러한 일련의 움직임 속에서 촉진되었다.

1830년대와 1840년대 영국에 화학의 고등 교육의 장이 전혀 없었던 것은 아니다. 옥스퍼드나 케임브리지에도 이전부터 화학 강좌가 설치되어 있었고, 런던대학의 유니버시티칼리지나 킹즈칼리지도 설립 당시부터 화학 강좌가 설강되어 있었다. 그러나 옥스퍼드와 케임브리지에는 국교주의나 고전 중심의 교양 교육 이념 등 구태의연한 대학 관이 뿌리 박혀 있었으므로, 일반적으로 자연과학의 교육과 연구는 유명무실했다. 예를 들어 1846년 당시 옥스퍼드대학에 천문학, 물리학, 화학, 생물학, 지질학 등 자연과학 관계의 강좌가 설강되어 있었으나, 이러한 분야의 교수 봉급이 매우 낮았으므로 강좌 담당자가 두서너 개의 강좌를 맡는다든가, 아니면 다른 직업에 종사해야만 했다. 그래서 그곳에 오래 머물러 있기를 꺼려했다. 또 런던대학의 경우도 독특한 학교 성격 때문에 충분한 연구와 교육의 장이라 말할 수 없었다. 영국의 이러한 상황 때문에 자연과학을 희망하는 청년들은 대륙, 특히 독일에 많이 유학했다.

그런데 1842년 독일의 유명한 화학자 리비히가 영국을 방문한 것을 계기로 영국에서 일종의 화학 연구의 붐이 일어났다. 이러한 붐이 일어났던 배경으로 기센대학에서 유학한 경험이 있던 J. 카드너와 J. L. 바로크가 중심이 되어 왕립연구소 안에 '데이비 응용화학 칼리지'(Davy College of Practical Chemistry)와 같은 화학 부문의 기관을 설립하려는 운동이 전개된 점을 들 수 있다. 이 계획은 1843년 11월에 왕립연구소에 의해서 부결되었지만 이 운동이 1845년 왕립화학학교의 설립을 선도했다. 즉 카드너와 바로크는 그러한 좌절에도 불구하고 책자를 발행하여 영국의 수도 런던에 화학의 연구와 교육 전문 기관을 설립할 필요성을 세상 사람들에게 계속해서 호소했다. 그 결과 화학 비료나 토지 개량으로 생산력의 향상을 기대하던 토지 소유자들이나, 화학의 진흥과 이해관계가 있는 광범위한 여러 의학, 약학 관계자들을 중심으로 기부금을 모으고, 1845년 1월에 설립준비위원회의 제1회 회합을 열었다. 준비위원회의 지도적 회원이었던 J. 클라크(빅토리아 여왕의 사위이며, 여왕의 부군인 알버트 공의 친구) 경의 제안으로 신설 학교의 관리자 추천을 리비히에 의뢰했다. 리비히는 기센대학 출신인 자신의 제자 호프만(A. W. Hofmann)을 추천했다.

당시 호프만은 본대학의 사강사였는데, 그가 독일에서의 전도양양한 미래를 버리고 이국의 신설 학교 관리자의 일을 맡은 데는 사연이 있었다. 영국의 알버트 공과 클라크 경의 작용으로 프러시아의 문교 장관 아이히포른이 호프만을 원외교수로 승진시키고, 만일 런던의 사업이 부진할 경우에는 곧 본 대학으로 복귀시키도록 조치하겠다고 약속했기 때문이었다. 이러한 배려가 있었기 때문에 호프만은 뒷일은 걱정하지 않고 기꺼이 초빙에 응했다. 이러한 사실로부터 독일 대학의 인사에 관한 문교부의 커다란 권한을 확인할 수 있다. 이렇게 해서 앞서 리비히가 기센대학에 발탁되어 온 것과 마찬가지로 호프만도 27세 때 런던의 신설 학교에서 연구와 교육을 맡게 되었다.

호프만의 초청에 일익을 담당했던 알버트 공은 영국의 과학 제도화의 역사에서 중요한 인물이다. 그는 독일의 작은 연방인 삭스 코보지 고달 (Saxe Cobozy Gothal) 출신으로, 브뤼셀과 본대학에서 자연과학을 배웠다. 1840년 20세 때, 사촌 여동생인 빅토리아와 결혼하면서 영국에 돌아왔다. 외국인인 젊은 알버트 공은 그의 정열을 오로지 과학, 예술의 보호와 육성에 쏟았다. 이러한 과학 후원자로서의 알버트 공의 활동 중에서 가장 중요한 것은 1851년의 런던 세계박람회의 개최였다. 알버트 공이 앞장서

서 기획하고 거행한 이 세계박람회는 당초의 예상을 뒤엎고 대성공을 거
둬 20만 파운드에 달하는 많은 수익금까지 남겼다. 이 기금은 영국의 과
학 발전에 큰 도움을 주었다. 또한 알버트 공은 1859년에 에버딘에서 개
최된 영국과학진흥협회의 회장을 맡아 과학 연구와 교육의 중요성을 호
소하면서 활동을 전개했다.

이렇게 런던에 화학 연구와 교육 전문 기관을 세우려는 카드너나 바
로크의 운동과 노력은 화학의 응용적, 실천적 측면에 관심을 가지고 있던
대규모 토지 소유층과 의료 관계자의 지지를 받으면서, 또 한편으로 알버
트 공과 클라크 경 등 실력자의 도움을 받아 1845년 7월 화학학교의 개교
라는 결실을 맺었다. 같은 해 11월에 칙령이 내려졌다.

왕립화학학교의 교육과 연구

1845년 10월, 16세부터 40세에 걸쳐 26명의 학생이 12파운드 10실
링의 수업료를 지불하고 이 학교의 제1기생으로 등록했다. 이 학교에서
학생을 지도하는 방식이 기센과 비슷한 것은 호프만이 리비히의 제자라
는 점, 또 학교 설립의 준비위원회가 사실상 그 이유 때문에 호프만을 초
청했다는 것을 생각하면 당연한 일이었다. 학교에서 사용하는 교과서는
기센대학에서 사용하는 것을 영역한 것이고, 매일 정해진 시간에 실험실
을 순회하면서 학생을 각각 지도한다는 호프만의 방법도 기센대학의 경
험을 되살린 것이다. 제1학기(10월~2월)에는 기초 교육, 제2학기(3월~7월)에

는 전문 교육이 실시되었다. 제3, 4학기에 등록하는 경우도 있었다. 이 학교에서는 기센대학처럼 박사학위를 수여하지는 않았지만, 1847년에는 수료증(Certificater of Attendance)이 수여되었고, 연구 논문을 발표할 경우에는 성적 우수증(Testimonials of Proficiency)이 수여되었다.

호프만은 콜타르와 아닐린에 관한 분야의 연구를 정력적으로 추진하여 염료화학의 기초를 확립했다. 호프만의 조수 퍼킨(W. Perkin)이 '모브염료'를 발명한 것은 너무나도 유명하다. 영국 화학학회의 기관지인 『화학회보』에는 화학학교의 연구 성과가 많이 발표되었고, 학교 독자의 『연구보고』(Reports of the Royal College of Chemistry and Researches Conducted in the Laboratories, 1849, 1852)도 간행했다. 이렇게 교수-조교-학생이 일체가 되어 연구와 연결되었고 전문 교육으로 통하는 기센 방식이 이 학교에 충실히 전달되었다.

원래 이 학교는 기센대학과 달라서 유지들의 기부금을 모아 설립되고 운영되었으므로, 이 기부자들은 학교에 큰 기대를 걸었다. 그러나 설립된 시일이 짧아 실험실이나 실험 기기의 정비와 확충, 교육과 연구의 기반 구축에 쫓겨서 학교 당국이나 호프만은 후원자들의 과대한 기대에 충분히 대응할 수 없었다. 따라서 학교에 대한 기부금이 점차 감소했는데, 그것은 후원자들 대부분이 학교에 실망했기 때문이었다.

이러한 사태의 배경에는 영국에서 리비히의 '특허 비료'가 일시적인 실패로 화학의 붐이 급격히 냉각했던 것도 한 가지 원인이 있었다. 더욱이 자연과학의 연구 및 교육에 대한 독일식과 영국식의 생각의 차이가 학교 지원자의 지원금 감소의 원인이 되기도 했다. 리비히나 호프만은 각기 농예화학, 염료화학을 지향했고, 자신들의 연구와 교육 활동의 기초에 학문적 이념을 반영하려 한 데 반하여, 영국의 학교 후원자에게 중요했던 것은 자연과학, 특히 화학의 실리적 측면이었다. 그래서 카드너나 바로크는 칼리지 설립 운동 기간 중 이 점을 강조해서 거금을 모금했지만, 이제는 이것이 오히려 학교 당국이나 호프만에게 부담이 되었다. 그래서 학교는 재정적 위기를 극복해야 하는 곤란한 문제에 직면했다.

학교 통합과 호프만의 귀국

학교의 재정 위기는 후원자의 감소와 더불어 수업료의 감소로 더욱 심각해졌다. 정부로부터 보조금을 끌어내는 데도 실패했고, 호프만의 급료 일부도 삭감되어 유급 조교의 고용을 단념하는 데까지 이르렀다. 그리고 학교의 재정 위기를 타개하려는 목적에서 왕립화학학교는 1853년에 국립광산학교에 통합되어 통합 학교의 화학 부문을 구성했다. 이 부문은 화학자 플레이페어(L. Playfair)가 담당했다. 국립광산학교는 1837년, 정부의 보조금을 얻어 수집한 지질 표본을 산업상에 유효하게 응용하기 위해서 설립된 광물박물관에 그 뿌리를 두고 있다. 그리고 1841년 이후부터 이 박물관에서 소규모지만 분석화학, 야금학, 광물학 교육을 했고, 1851년에 새로운 건물이 완성된 것을 계기로 박물관의 교육 부문으로 국립광산실업학교(Government School of Mines and of Science Applied to the Arts)를 발족하면서 조직적인 교육 및 연구 활동을 개시했다. 이것은 과학 기술 교육에 직접 정부가 관여한 것을 의미하며, 과학의 제도화라는 관점에서 보면 획기적인 사건이었지만, 그 배경에는 세계박람회의 성공이 있었다는 점을 잊어서는 안 된다.

이와 같은 일련의 움직임으로 영국 정부는 드디어 통일적인 과학 기술 교육 정착의 필요성을 느끼고, 1853년에 과학기예국을 설치하여 광산학교를 이 관할에 두었다. 그리고 광산학교는 화학학교의 병합을 계기로 메트로폴리탄 광산·실업학교(Metropolitan School of Science Applied to Mining and Arts)로 이름을 바꾸고, 종래보다도 기초 교육을 중요시했다.

한편 호프만은 당초의 계약 기간인 2년을 훨씬 넘긴 약 20년간 칼리지를 지도하다가 1865년 독일로 돌아왔다. 이 동안에 호프만 밑에서 배운 학생은 800명을 넘어섰다. 졸업생들은 화학 산업, 제약업, 양조업, 금속·야금업에 종사하고, 교사나 관리자가 되었다. 졸업생들의 논문 수, 특허 취득 수, 학계의 지위 등은 영국 화학계에서 이 학교의 존재 의의를 잘 입증해 주는 데 충분했다. 이렇게 본다면 독일 대학, 특히 기센대학의 화학 교실을 모델로 삼은 대학의 연구 및 교육과 독일인 화학자의 지도가 영국의 구태의연한 교육에 크게 영향을 미친 것은 의심할 여지가 없다.

그러나 한편으로 이 사업은 결코 쉬운 일이 아니었다. 학교 후원자의 공리주의적 이해관계와 호프만의 독일식 학문적 이념의 마찰은 심각했고, 이것이 곧 왕립화학학교의 재정 위기를 초래했다. 또한 이 학교가 정부로 이관된 후에 재정 문제는 해결되었지만 학생 수는 오히려 감소하는 기미가 엿보였는데, 이것은 19세기 중엽 영국에서 전문가로서의 화학자에 대한 수요가 매우 한정되어 있었다는 사실을 입증해 주고 있다.

1861년 호프만의 후원자인 알버트 공이 죽음으로써 호프만과 영국의 관계가 약해지는 한편, 호프만에 대한 베를린으로부터의 강한 유혹도 있었다. 이때 호프만은 47세로서 의욕이 아직 왕성했고, 귀국 후에도 베를린대학 화학 교수로서 정력적으로 활약했으며 독일의 염료 화학 공업의 발전에 큰 공헌을 했다.

19세기 영국의 실험과학자 사이의 사제 관계(founders-followers)를 살펴보면, 대부분이 직접 리비히 아니면 호프만과 관계를 맺고 있었다. '패러다임의 이식'이라 할까, '과학의 전파'라 할까. 19세기 중엽의 과학(화학)의 '주변(영국)'은 '중심(독일)'으로부터 과학 지식과 그것을 만들어 내는 연구와 교육 기구를 배워 왔고, 그 방법은 '유학'과 '제도의 모방', 거기에 따른 외국인 교사의 고용이었다.

5. 미국 대학의 개혁

개척 정신

미국은 건국 이래, 전쟁과 토지 구입으로 영토 확장을 계속하여 대서양으로부터 태평양에 이르는 거대한 국토를 형성했다. 이 서부로 향하는 영토 확장 운동은 개척 정신을 구호 삼아 수행되었는데, 이러한 개척 정신은 초기 미국의 과학이나 기술의 발전을 특징짓는다. 예를 들면, 서부의 개척을 진전시키는 데 있어서 각지의 광물자원, 동물학, 식물학 이외에 농업의 가능성 때문에 다방면에 걸친 기초 자료를 수집할 필요가 있었다. 그 때문에 각종 조사단에 많은 과학자가 참여하여 이러한 자료나 표본을 수집하는 작업에 종사했다. 이러한 기회를 통하여 미국의 과학의 기초가 형성되었다.

또한 기술에서는 서부 개척을 위한 철도망의 정비와 함께 진전되었다. 그 결과 19세기 말까지 약 20만 마일의 철도를 부설하여 이미 세계 최대의 철도망을 구성했다. 당연한 일이지만 철도의 부설에는 강철이 불가결하고, 그 수요를 채우기 위해서 5대호 주변에 거대한 강철 산업을 일으켜 19세기 말까지 그 생산량이 연간 1,000만 톤에 달했다. 또한 광업 제품의 규격화와 컨베이어벨트를 이용한 이동식 작업 공정이 도입되어 대량 생산 시스템이 확립되었다. 이것은 미국이 풍부한 자원의 혜택을 받고 있으면서 노동력이 부족했다는 사정 이외에, 전통에 발목을 잡히지 않았던 기업가의 개척 정신도 한몫을 한 셈이다.

이처럼 기술 면에서 미국은 19세기를 통해서 유럽 여러 나라와 어깨를 나란히 하는 수준에 도달했다. 그러나 연을 이용하여 번개가 전기현상이라는 사실을 확인하는 등 전기학에 커다란 공헌을 한 프랭클린, 물리학과 전기 이론을 개척한 헨리(J. Henry), 열역학 이론을 수립한 깁스(W. Gibbs)를 제외하면, 미국은 19세기 말까지 유럽의 영향권에 아직 머물러 있었다. 미국이 세계의 과학 기술을 이끌게 된 것은 20세기, 특히 후반에 이르러서였고, 그것은 과학 연구 체제나 고등 교육의 정비를 통한 인적, 지적 축적이 있었기 때문이었다.

주정부와 연방정부

미국은 정치적, 종교적 자유를 얻고자 유럽의 군주국가로부터 이민 온 사람들에 의해서 건설되었다. 그리고 광범한 자치권을 지닌 주정부로 구성된 연방제를 택함으로써 연방정부의 권한이 매우 제한되어 있었다. 그래서 건국 이래 200년 이상된 지금도 주정부, 지방자치단체가 강력한 권한을 지니고 있다. 이 강력한 주정부와 상대적으로 약체인 연방정부라는 모양새는 미국의 과학 기술의 역사에도 큰 영향을 미쳤다. 예를 들면, 연방(국립) 과학 연구 기관이나, 고도의 교육 기능을 지닌 국립대학을 설립하려는 제안이 건국 이래 일부 사람에 의해서 열렬히 주장되지만, 이와 같은 제안은 연방정부에 과도한 권한을 부여함으로써 주정부의 힘을 약화시키고, 이러한 사태는 미국 헌법의 정신에 위반된다고 하여 많은 사람이 반대했다.

미국의 교육사회학자 M. 트로우에 의하면, 미국에서 국립대학을 설립하려는 제안은 독립 선언의 서명자 중 한 사람인 B. 랏슈에 의해서 1787년에 제출되었다. 랏슈는 현대식으로 말한다면, '대학원 대학'을 구상했다. 비슷한 종류의 제안이 초대 대통령 워싱턴을 비롯해서 J. 아담스 등 역대 대통령에 의해서 의회에 상정되지만 부결되어 빛을 보지 못했다. 트로우는 미국의 국립대학 설립의 실패가 오히려 다양하고 활력 있는 미국 고등 교육 시스템의 발전을 가능하게 했다고 적극적으로 평가하고 있다. 미국 대학은 1862년의 모릴법에 의해서 '국유지 부여 대학'(Land-Grant College)이 설립되는 등 지역 사회와 주민의 다양한 필요에 따라서 양적으로 확대되었고, 동시에 공·사립 차별이나 동부, 중부, 서부라는 지역 간의 경쟁을 통해서 질적으로도 향상되었다.

미국 대학의 발전을 조직적인 측면에서 보면, 대학원 제도와 학과 제도가 주목된다. 전자는 조직적이고 체계적 전문적인 훈련을 통해서 고도의 지식을 가진 연구자를 대량 양성함으로써 연구의 프런티어 확대를 가능하게 했다. 이러한 의미에서 '연구와 교육의 통일'이라는 독일 대학의 이념은 미국의 일류 대학의 대학원에서 충분한 제도적 기반을 획득했다고 말할 수 있다. 또한 독일 대학은 연구 중시의 이념을 내세우며 19세기 학문 연구를 이끌었으나, 그 제도적 기반으로서의 강좌제는 권위주의적으로 경직되기 쉽고, 무엇보다도 점차 속도가 빠른 학문 연구의 확산에 적응할 수 없다는 약점을 지니고 있었다. 이에 대해서 미국 대학의 학과제는 유연한 연구 교육 체제로 새로운 학문 분야에도 쉽게 대처하는 것이 가능했다. 따라서 20세기를 맞이해 미국 대학은 유럽의 여러 대학과 어깨를 나란히 할 수 있었고, 점차 유럽 선진국을 추월하여 세계의 학문 연구를 이끌어 나갔다.

한편 연방정부에 의한 과학 연구 기관의 설립에 관해서 주권(州權) 옹호론자로부터의 강한 저항이 있었다. 예를 들면, A. D. 밧쉐가 1851년에 과학 연구를 조정하기 위한 중앙 기관의 설립을 제안했으나 지지를 얻지 못했다. 그러나 1842년에 영국에 의지하지 않고 해도(海圖)를 작성하거나 항해 기구를 제조하기 위해 연방정부가 해양기상천문대를 설립했다. 또 1846년에는 지식의 보급에 이용한다는 조건으로 영국인 스미소니언으로부터 증여받은 돈으로 스미소니언연구소를 중앙 기관으로서 설립했다. 또한 남북전쟁을 계기로 밧쉐의 제안이 구체화되어 1863년 국립 과학아카데미(National Academy of Science, NAS)가 설립되었다.

존스 홉킨스대학의 설립과 하버드대학의 혁신

19세기 초기부터 중엽에 이르기까지 독일 여러 대학에서 유학한 미국인 학생 수를 학부별로 보면, 철학부 자연계 89명과 의학부 31명, 총 120

명의 자연과학 전공자가 있고, 그것은 전체의 약 반수에 달하고 있다. 이 정도로 많은 학생이 독일에서 유학했다.

1876년 미국 동부 볼티모어시의 한 재벌의 기부로 존스 홉킨스대학이 설립되었다. 이 대학은 기부자인 홉킨스의 뜻에 따라서 대학원 수준의 교육과 연구에 중점을 두는 등 독일식 대학 이념을 높이면서 발족했다. 이러한 방침은 캘리포니아대학의 학장직을 그만두고 새로운 대학의 설립에 참여한 초대 학장 길먼(D. C. Gilmann)에 의해서 구체화되고, 또한 실행에 옮겨졌다. 길먼은 미국 내외의 뛰어난 인재를 대학의 교수 요원으로 영입하는 데 힘쓰는 한편, 고액(연간 500달러)의 장학금 제도를 설치하고, 대학원 수준의 우수한 학생을 모집하는 데 노력했다.

길먼은 새로운 대학에서의 화학 연구와 교육을 당시 30세 전후였던 화학자 람센(I. Ramsen)에게 위탁했다. 그는 많은 미국 청년이 그러했듯이, 미국에서 의학을 공부한 것에 만족하지 않고 독일로 유학가서 뮌헨에서 화학자 리비히에게서 배웠다. 람센은 뮌헨에서 괴팅겐, 튜빙겐으로 자리를 옮기면서 독일 화학의 진수를 흡수하고, 1870년에 박사학위를 취득하고 1872년에 귀국했다. 그는 길먼 등의 이념에 공감하여 존스 홉킨스대학의 화학 교수로서 독일식으로 연구하고 교육했다.

'완벽'을 목표로 삼은 람센의 엄격한 연구와 지도로 존스 홉킨스대학의 화학교실은 많은 화학자를 배출했다. 그가 죽기 전 해인 1925년 시점에 그의 제자 중 84명이 대학교수로 진출했다. 말하자면 미국 화학계의 람센학파가 형성된 셈이다. 이는 그가 연구자로서 또한 교육자로서 뛰어난 능력을 지녔을 뿐 아니라, 1879년 『미국 화학 잡지』(American Chemical Journal)를 창간하고, 그 후에도 편집에 참여하여 연구 성과의 장을 확보하는 것을 잊지 않았기 때문이다. 람센은 길먼의 뒤를 이어서 존스 홉킨스대학의 제2대 학장으로 취임하고, 미국 화학회의 회장이 되었다. 그러나 람센은 독일 유학 중 몸에 익힌 학문관이나 연구와 교육 스타일 때문에 과학 지식의 기술적 응용에 관심을 두지 않았다는 시대착오적인 일면도 있다는 사실이 지적되고 있다. 어쨌든 길먼이나 람센의 노력으로 존스 홉킨스대학은 독일 대학 모델의 이식에 성공했다.

이러한 움직임은 기존의 명문 대학에도 영향을 주었다. 예를 들면, 하버드대학은 리처즈(T. W. Richards)의 활동으로 전통적인 교양 교육으로부터 새로운 시대에 알맞은 연구 중심의 교육으로 탈바꿈했다. 리처즈가 원자량의 정밀 측정이란 업적으로 1914년 미국인으로서는 처음으로 노벨 화학상을 받은 사실만으로 이를 잘 입증하고 있다. 그는 하버드대학에서 공부한 후 독일 여러 대학에서 연구 경력을 쌓았다. 그는 독일 대학으로부터 교수 초빙의 강한 유혹을 뿌리치고 귀국하여 모교인 하버드대학 화학교실을 이끌어 나갔고, 혼신을 다하여 연구와 교육을 병행했다. 그의 노력으로 1920년대 하버드대학은 화학 연구 중심지의 하나가 되었다. 그의 제자 중 『미국 과학자 사전』(American Men of Science)에 올라 있는 화학자가 56명에 이르고 있다. 그중에는 화학자로서, 또한 하버드대학 총장으로 미국 학계의 중진인 코넌트(J. B. Conant)도 포함되어 있다. 또 리처즈는 과학 교육에 역사적 교육을 도입하는 데 열성을 다했고, 명저 『과학사

서설」의 저자로 알려진 과학사가 사튼(G. Sarton)과도 친분이 있었다. 리처즈는 전술한 람센보다 한 세대 젊어서 과학과 기술 사이에 명확한 경계가 사라져 간다는 현실을 정확하게 인식하고, 과학 지식의 기술적 응용에도 관심을 보였다.

칼텍의 부흥

캘리포니아공과대학(California Institute of Technology-이하 Caltech)은 지금도 교원 수 300여 명, 학생 수 1,700명으로 비교적 소규모인 사립대학이다. 그러나 미국의 과학 기술의 연구와 교육에서 점유하는 역할과 위치는 결코 적지 않다. 예를 들면, 미국의 과학사회학자 주커먼에 의하면, 1901~1972년 사이에 자연과학 부문의 노벨상을 수상한 74명의 미국인 과학자(미국에서 교육을 받은) 중 칼텍에서 학위를 취득한 사람이 4명이다. 이것은 하버드, 컬럼비아 등 상위에서부터 7번째에 위치한다. 이 사실은 칼텍이 비교적 소규모의 단과대학이고, 역사가 비교적 짧은 것을 감안한다면 한층 의미가 깊다.

과학사가 카곤(R. H. Cargon)에 의하면 칼텍은 다음과 같은 경위로 오늘날의 지위를 획득했다. 칼텍의 전신은 드룹공예학교(Throop Polytechnic Institute)로서 1891년에 창설된 조그마한 직업학교였다. 이 학교가 크게 비약하게 된 계기는 1909년 천문학자 헤일(G. E. Hale)을 이사회에 영입한 후부터였다. 헤일은 분광학적 방법을 천체 연구에 이용하는 스펙트로 헤리오그래프를 창안하여 태양물리학과 천체물리학에 커다란 공헌을 한 것으로 알려진 사람이다. 그는 1886년에 매사추세츠공과대학(MIT)을 졸업한 후, 1887년에 위스콘신주 윌리엄즈만에 있는 야키스천문대를 건설하여 본격적인 연구 활동을 개시했다. 그러나 헤일은 자신의 연구를 수행하는 데 있어서 종래의 학문의 구분에 관계없이 학제적인 연구-예를 들면 천체물리학, 물리화학 등-를 했고, 그 때문에 장소와 자금을 획득할 필요가 있음을 통감했다.

마침 이 무렵, 1902년 카네기연구소가 설립되고 과학 연구에 거액의 자금을 제공했다. 이 연구소의 자문위원이 된 헤일은 천체 관측에 가장 적합한 기상 조건을 지닌 캘리포니아주 패서디나 근처 윌슨산에 천문대를 건설할 계획을 보고했고, 1903년에 이를 승인받았다. 그리고 헤일은 이 천문대의 소장으로서 활동을 시작했다.

헤일은 60인치, 100인치의 커다란 반사망원경을 건설하고 천문대를 정비하는 한편, 그의 연구 이념에 따라서 이 천문대를 단지 천문관 측의 광장으로만 한정 짓지 않고, 물리학자나 화학자를 포함한 학제적인 공동 연구의 광장으로 발전시켜 나갔다. 동시에 이 무렵 드롭공예학교에 관여하게 된 헤일은 이 학교를 고등 교육 기관으로 발전시키는 데 노력했다.

일반적으로 연구와 교육 기관의 권위를 높이는 데는 일류 요원을 획득하는 것이 가장 확실하면서도 가장 어려운 방법이다. 헤일도 이 방법을 택했다. 그는 드롭공예학교 및 윌슨산 천문대의 연구와 교육의 발전을 목표로 당시 MIT의 학장을 지낸 화학자 노이즈(A. A. Noyes)와 시카고대학에 있던 물리학자 밀리컨(R. A. Millikan)에 접근하여, 이 두 사람을 패서디나로 초청하고자 노력했다. 그러나 명문교의 혜택을 받으면서 연구와 교육에 임하고 있던 노이즈나 밀리컨이 서부의 이름 없는 직업학교로 쉽사리 올 리 없었다. 여기서 헤일은 카네기연구소나 록펠러재단, 특히 로스앤젤레스의 재계 인사를 상대로 패서디나에 일류 연구 교육 기관을 만들 필요성을 호소하여 자금을 끌어내고 드룹공예학교에 게이츠화학연구소(1917년 설립) 및 노먼브리지실험실(1921)을 설립했다. 그리고 노이즈와 밀리컨을 각각 소장으로 앉혔다. 또 1920년대에는 드룹공예학교를 지금의 캘리포니아공과대학으로 이름을 바꾸고, 명실상부한 일류 대학의 대열 속에 끼워 넣었다.

이렇게 해서 헤일, 노이즈, 밀리컨의 '3인조'(Triumvirate)는 패서디나에서 최신, 최고의 설비와 풍부한 연구비의 혜택을 받아가면서 각기 천체물리학, 물리화학, 원자물리학의 입장에서 원자 수준으로부터 우주까지에 걸친 물질 현상의 탐구에 전력투구했다. 밀리컨은 1923년에 전자 전하량의 정밀 측정이라는 업적으로 노벨 물리학상을 받았다.

패서디나에 활기가 넘치는 매력적인 연구 센터가 세워졌기 때문에 국내는 물론 전 세계로부터 속속 연구자가 모여들고, 공동 작업으로 연구가 한층 진전되었다. 1920년대 중엽에 학술 잡지의 저자 중 패서디나의 연구자가 높은 비율을 점유함으로써 패서디나는 자연과학 연구의 메카 중 하나가 되었다.

칼텍의 성공은 헤일의 조직자로서의 역량에 의한 것도 컸지만, 제1차 세계대전으로 과학 기술의 전략적 중요성이 정계와 재계의 일부 요인들에게 인식되었던 점과 정치·경제·문화 등 모든 분야에서 캘리포니아주가 미국 전체에 점유하는 지위가 상승한 점도 그 배경으로서 꼽을 수 있다.

미국의 대학원과 그 특징

남북전쟁 무렵까지 하버드대학을 위시한 사립대학은 영국의 케임브리지대학을 모델로 삼아 신사 교육을 시행하고, 최종 학위로서 석사(M. A.)를 수여하는 정도로 사상적으로는 식민지 대학에서 완전히 탈출하지 못했다.

1830년 무렵부터 독일에 유학했던 일부 지식인 사이에 발전하고 있던 독일 대학의 제도를 미국에 도입하자는 계획이 수립되었지만, 구체화된 것은 남북전쟁 이후의 일이었다. 남북전쟁 무렵까지 미국 대학은 거의 모두가 기독교파와 관계가 있었고, 더욱이 지역성이 강했다. 게다가 자연과학을 대학 안으로 들여놓았던 까닭은 당시까지 종파와 지역의 격차가 심해서 제각각이었던 대학의 교과를 과학의 보편적 논리를 바탕으로 통일하려는 경향이 있었기 때문이었다.

그렇지만 독일 대학의 연구 지상주의를 선택하려 할 때, 전통의 아성인 대학 학부를 개혁하는 것이 장애물로 등장했다. 예를 들면, 1872년 하버드대학에서 대학원을 만들 때, 학부의 교육이 소홀히 된다는 반론이 제기되었다. 따라서 기성 학부는 그대로 두고서 그 위에 대학원을 설립하고, 거기에 새로운 독일식 제도를 도입하려고 했다. 그래도 문과계는 지금까지의 대학만으로도 충분하다는 반론을 끈질기게 주장했다. 그러나 이과계로부터의 강한 요구로 대학원의 정비가 시작되고 문과계도 결국 이에 따르게 되었다. 그 내용은 자연과학의 새로운 발전에 적응하려는 것들이었다. 처음에는 기성의 대학 학부(College)와 관계없이 모두 새로운 대학원 대학을 만들려고 했다. 1876년에 존스 홉킨스대학, 1889년에 클라크대학에서 시도했으나 결국 재정적 이유 등으로 잘 진행되지 않았고, 기타 하버드, 예일, 시카고 등의 대학원에서 여러 가지 안이 시도되었다.

호플스테터에 의하면, 미국 대학사에서 1860~1870년을 과학 인식의 시대, 1870~1910년을 교육 전문화에 대한 확대의 시기로 잡고 있다(1910년 이후에는 전문·세분화에 대한 반동이 일어났다). 이 1910년 무렵까지 독일을 모방한 연구중심주의 대학원 제도가 오늘날과 거의 같은 모양으로 형성되었다. 그리고 제1차 세계대전 후에 그것은 양적으로 비약적인 발전을 했다.

독일 대학과 미국 대학원을 비교해 보면, 독일 대학에서는 교육의 자유라는 이름 밑에서 사강사에 의한 새로운 연구 문제 개발이 자유롭게 실현되었다. 이것은 과학이 분화하고, 직업화하는 시기에 적합한 것이었다. 학생 정원의 규정이 없는 것도 과학의 팽창에 공헌했다.

그런데 보다 과학이 직업화하고 과학 지망자의 수가 늘어나며, 전문성이 고도화되고 심화되자 교육의 자유를 희생시켜서라도 전문의 기초적 훈련을 조직적으로 시도해 보려는 경향이 나타났다. 그러나 대학 학부에서는 이를 충분히 달성할 수 없었다. 만일 대학 학부 체계를 그대로 유지

한다면 그 이상의 전문화는 제자리걸음을 하게 된다. 그러므로 이에 대한 해답으로 연구자의 훈련과 양성을 위해서 대학원을 설립하고, 연구를 위해서 교육의 의무로부터 해방된 연구소를 설립하는 방안이 제시되었다.

미국 대학원에서 교수의 개인 지도는 한정된 수의 선정된 대학원생에게 집중되었다. 따라서 학부에서의 교육과 연구의 연결 고리가 점차 사라지기 시작했다. 19세기 말에 전문·세분화된 과학은 이미 학부 중심의 독일형 속에서는 그 빛을 잃어 갔고, 학부 교육은 연구자의 부담이 되었으므로 다른 국가의 모범이 될 만한 제도로 새로이 등장한 미국의 대학원 제도에 자리를 양보할 수밖에 없었다.

초기부터 미국 대학원은 설비에 자금을 투자하고 대학에 재정적 원조를 했다. 또 대학을 나오면 곧 자유스러운 연구에 들어가는 유럽형과 달라서 대학원 재학 중의 전반기에는 학생에게 피땀 흘리는 기초 훈련을 실시했다. 제도적으로 독일이나 유럽의 대학은 자유로운 아이디어를 지닌 소수의 1급 과학자를 양성하는 데 적합하지만, 미국의 제도는 2, 3급의 직업적, 기술적 과학자를 배출함으로써 독일보다도 한층 두터운 과학 기술자의 층이 형성되었다. 이것이 19세기와 20세기에 소규모 과학으로부터 대규모 과학으로의 이행을 제도적으로 준비하게 된 배경이 되었다.

6. 산업사회의 출현과 새로운 연구 체제

중화학 공업의 대두

산업혁명기를 지나면서 본격적으로 형성된 자본주의는 1860~1870년대에 발전의 정점에 이르렀고, 다시 독점 자본주의 체제로의 이행이 시작되었다. 그러나 이 체제의 모순은 1914년 제1차 세계대전으로 분출했다. 그렇다면 19세기 후반부터 제1차 세계대전의 발발에 이르는 시기 사이에 과학 기술과 이를 둘러싼 여러 체제, 특히 연구 체제는 어떠했는가.

이 시기에 가장 특징적인 것은, 기존의 전통적 경공업에 덧붙여 중화학 공업이 급속도로 발전한 이 시기에 새로운 용광법의 출현과 새로운 금속 정련법의 성공, 화학 공업에서 새로운 소다와 황산 제법의 공업화, 유기화학 공업의 출현, 자본주의 발전을 위한 기본적 조건인 각종 교통, 통신의 기술적 진보와 그의 보급, 여러 분야에 대한 전기의 광범위한 이용 등이 뚜렷하게 나타난 점이다. 특히 여러 공업 부문에서 기계와 장치는 질이 높은 제품을 대량으로 생산했고, 이를 위한 기계 제작 분야도 역시 급속히 발전해 나갔다.

이처럼 현저한 진보를 가능하게 한 것은 사회체제로서 독점 자본주의의 형성이었다. 이는 또한 과학과 기술과 강하게 결합했다. 이를 기술의 측면에서 보면 기술의 과학화라는 현상이고, 또 한편으로 과학의 기술에 대한 침투라고 할 수 있다. 그리고 그것에 걸맞게 과학 기술의 여러 체제(교육 제도, 연구 제도, 특허 제도, 국제 표준 등) 구축이 이룩되고, 구체화되었다. 또한 산업혁명이 끝 마무리된 1820년대 이후에는 기술의 진보를 위해서 직접 이익을 가져오지 않는 실험이나 시험 제작에 자본이 투자되기 시작했다. 그것은 시험 제작이나 실험이라는 과학적 방법이나 연구가 기술 진보를 위한 유력한 한 가지 수단이라는 인식이 생겼기 때문이었다.

19세기 중엽부터 과학적 방법의 도입이 경제적 기술 진보의 한 가지 수단이라는 인식이 일반적으로 두드러졌다. 그리고 기술은 개별 분야에서 구체적인 사회적 요청을 바탕으로 진보했다. 그러므로 산업 혁명기에 비하면 큰 차이가 있었다. 그것은 훨씬 적극적으로 과학 연구에 대한 조직화가 이룩된 점이다. 또 기술의 개발에서 국가가 직접 개입했다(상금 제도는 그 좋은 예이다)는 사실을 주시하지 않으면 안 된다.

한편 기업 자신도 조직적인 연구 활동을 시도했다. 그 예로 독일의 화학자 분젠에 의뢰해서 용광로의 가스 분석을 했던 독일의 크룹사는 1862년에 가스 분석 연구를 위한 실험실과 재료 검사소를 설치했고, 그 후 강철 제작 분야에서 진보를 위한 자유롭고 독립적인 연구를 하는 크룹화학물리연구소가 설립되었다. 20세기 독일 제철공장의 시험소는 철에 관한 한 대학 연구실을 능가하는 훌륭한 시험 연구의 설비를 갖추었다. 따라서 강철 업계는 가장 빠르게 발전했고 집중과 집적이 빠르게 형성되었다. 화학 공업은 우선 무기화학 부문에 과학적 연구 방법이 적극 도입되고, 솔

베이법이나 접촉법, 황산암모니아 합성 등의 분야에서 과학적 연구를 대규모로 도입하는 데 성공했다.

한편 강철 업계나 무기화학 공업 부문에 비해 훨씬 소규모인 실험실적 방법이 유기화학 공업 부문과 결합함으로써 이 분야의 산업화를 촉진했다. 그 예는 염료 공업에서 잘 나타났다. 독일이 염료 공업 분야에서 앞서게 된 것은 단지 과학적 연구에서의 우위만이 아니라, 과학 기술자를 대량으로 양성하는 교육 제도의 정비, 그리고 이 분야의 학교 교육을 받은 과학 기술자의 산업계의 진출 등을 들 수 있다.

더욱이 독일에서 알리자린 염료 합성의 성공은 막대한 이익을 가져와서 과학 연구가 지닌 경제성에 대한 신뢰를 확고하게 구축했다. 독일 염료 업계는 광범위한 영역(의약, 화약과 관련하는)에 걸쳐 연구 활동을 확대했다. 19세기 말 독일의 대표적인 기업 연구소의 연구원은 항시 200~300명으로 연구비도 연간 수십만 마르크에 이르렀다. 이 연구 기금은 간단한 과학 연구를 바탕으로 얻은 새로운 상품이나 생산 공정의 개량으로 생긴 이익금으로, 이를 바탕으로 많은 기금을 마련함으로써 독일의 연구 방식을 더욱 살찌게 했다. 알리자린 합성의 이익금이 인디고나 아조염료 개발의 연구 자금으로 활용되었고, 또한 후자에서 생긴 이익금은 암모니아 합성이나 고무 합성을 성공하는 데 활용되었다.

기업체 내 연구소의 설립

이런 과정에서 기업은 연구 조건의 개선에 주력했다. BASF사는 1889년에, 바이엘사는 1890년에 각기 대규모 연구소를 설립하여 세계의 모범이 되었다. 이와 같은 독일의 연구 체제의 정비는 세계적인 대기업 내의 연구 체제의 확립을 자극했다. 1891년 영국의 유나이티드 알칼리사는 화학 분야에서 영국 최초로 연구소를 설립했다. 이 연구소는 독창적인 연구나 각 공장 부속 실험실의 시험을 검토할 목적으로 유능한 대학 졸업생을 유치했다. 미국의 뒤퐁사는 1890년 무연화학 개발을 위한 실험실을 설립하고, 다음 해에 이를 확충하기 위해서 새로운 연구소를 신설했다. 하지만 유나이티드 알칼리사 진용은 독일 염료 회사에 비하여 소규모였다. 뒤퐁사의 경우도 화약 부문 이외의 진출은 20세기가 되어서도 항상 독일에 뒤처졌다. 어쨌든 독일의 연구 체제 정비는 화학 공업 분야에서 대기업 연구 체제의 형성을 촉진하고 점차 기업의 필수적인 부속물로 전환시켰다.

한편 새로이 발전한 전기 공업 분야에서는 창업 당시의 아마추어 발명가의 활동으로부터 대규모 연구 조직으로 급속히 변모해 갔다. 출발점에서 차이는, 강철 산업이나 화학 공업이 산업으로의 확립이 완성된 후 새로운 분야로의 진출이나 기술의 개량이 전개된 데 반하여, 전기 산업은 기계 공업이 탄생한 뒤에야 비로소 그 발전이 전개된 점이다. 발족 초기에 전기 산업의 연구 활동은 거의 개인적이라고 해도 좋을 정도였다.

그러나 다중 통신법의 개발이나 전화 발명의 과정은 이보다 훨씬 대범한 연구 활동으로 시작했고, 벨이나 에디슨의 활동은 미국의 영리 연구 기관을 형성하는 데 선구적 역할을 했다. 특히 1876년 개설된 에디슨의 멘로파크연구소는 최초의 대규모 영리 연구 기관이라 할 수 있다. 이 연구소는 배전 등에 관한 개발을 시작한 1877년 가을 무렵부터 급속하게 연구 인원이 증가해 그해 말에는 약 60명에 이르렀다. 그리고 배전 및 송전이 구체화되기 시작한 1880년 전후에는 거의 100명 가까이 증원되었다. 그 사이에 대학 졸업생을 이 진용에 참가시켰다.

웨스턴유니온전기회사는 회사 내부에 소수의 기술자를 고용하고 외부의 발명가에 대부분 의존해 왔지만, 벨사와 합병한 후에는 특허부를 중심으로 활동을 확대해 갔다. 1881년 전기특허부의 설치와 유명한 벨전화회사의 전신인 연구 개발의 기능을 계승한 기계부가 설치됨으로써 기업 내부에 연구 기관을 상설하는 데까지 이르렀다.

국립 연구 기관의 등장

기초 연구가 기업으로서는 위험 부담을 동반하고 있기 때문에 기업이 국가나 대학에 기초 연구를 위탁하여 부분적으로 위험을 경감시키고 이를 분산시키려 한 것은 당연한 일이다. 당시 국가 사이의 격렬한 경쟁은 이 시도의 정당화를 위해서 이용되었다. 지멘스가 제국물리기술연구소의 설립을 위해 작성한 다음 문장은 이를 잘 대변해 주고 있다. "현재 활발하게 수행되고 있는 여러 민족 사이의 싸움에 즈음해서 새로운 제도를 먼저 도입하고, 이것에 바탕해서 공업 부문을 발전시킨 국가가 결정적인 우위를 점유한다. 기대되는 새로운 제도와 중요한 공업 분야를 새로이 열고 새로운 생명을 불어넣는 것은 거의 예외 없이 새로운 자연과학적 발견으로……." 이렇게 해서 독일에서는 1887년 제국물리기술연구소가 다른 나라를 앞질러 설립되고, 그 후 영국의 국립물리연구소, 미국의 국립표준국 등이 줄지어 설립되었다.

기업들의 연구 활동은 대학의 연구 활동으로 이어졌다. 벨사는 MIT나 하버드대학과 연계하고, 독일 염료 회사는 바이어, 코흐 등 대학교수와 협력하여 암모니아의 합성을 시도했다. 오늘날 산학 공동 연구 체제는 연구 체제의 발아기부터 일찍 싹텄다. 또 기업의 기술 진보를 위한 노력이 시작됨으로써 교육 제도의 확충이 요청되고, 그 때문에 각 국가는 새로운 교육 정책을 실시했다. 독일에서 실업학교의 공업전문학교나 공과대학으로의 승격과 증설, 미국에서의 토지 대여에 의한 대학 설립 등이 그 좋은 예이다.

민간에서도 기업을 제외한 여러 기관이 이미 기술한 벨이나 에디슨의 경우와 같이 등장하기 시작했다. 이것은 미국이나 전기 분야에서만의 특징은 아니었다. 독일에서도 석회질소법의 발명가 A. 프랑크는 컨설턴트 업무를 시작했고, 영국에서는 E. 프랭크랜드가 유명하다. 미국에서는 A. D. 리틀이 개업했다. 이들은 기업의 연구 활동도 도왔다. 미국에서는 비영리 재단에 의한 연구 기관도 생겼다. 강철왕 카네기가 제공한 사재 2,200만 달러를 기금으로 세워진 카네기재단, 석유왕 록펠러가 세운 의학 등의 연구 기관, 메론 재벌에 의한 메론연구소 등이 그 대표적인 예이다. 이처럼 세대교체기에 있어서 비영리 연구 기관의 설립은 각국의 연구 기관의 설립을 더욱 촉진했다.

독일은 국가와 대기업을 보다 조직적으로 결합했다. 그 좋은 예가 1911년에 설립된 카이저 빌헬름협회이다. 이 협회는 제국주의 여러 국가 사이의 경쟁 및 독점 자본주의의 과학 기술 연구에 대한 일치된 이해관계의 표현이라 할 수 있다. 어쨌든 19세기 말부터 정부는 이해 추구의 유력한 원천적 기술의 진보를 위해서 과학을 응용하려고 강력히 힘을 쏟았다.

이와 같은 연구 체제의 정비가 역사의 흐름으로서 아무 탈 없이 원활하게 이루어진 것만은 아니다. 독일 화학 공업에 관해서 이미 약간 말했지만, 바이엘사가 대학이나 공과대학에서 교육받은 사람을 고용하기 시작한 것은 1880년대 무렵이었다. 그 이전에 영국에서는 퍼킨사 등이 대학 졸업자를 고용하여 적극적으로 연구하기도 했다. 그러나 영국에서 화학자인 퍼킨이나 니콜슨 등 선구적 공로자들은 기업을 떠나 대학이나 개인 연구실로 돌아갔다. 이와 대조적으로 바이엘사와 과학자들의 연구 활동을 적극 지원했다. 1879년에 화학자 프랭크를, 다음 해에는 사이드라를 고용하여 염료실험실을 발족했다. 1883년에는 후에 IG사장이 된 듀스베르크 외 2명의 화학자를 고용하고, 곧바로 대학에 파견하여 염료 연구에 전념하도록 했다. 듀스베르크는 인디고와 결합할 수 있는 양모 염료 설폰아닐린을 발견했다. 이것은 바이엘사의 유명한 상품이 되었다.

공황과 연구 체제의 정비

기업체 내에서 연구 활동이 활발히 진행되었으나 1885년의 공황으로 산업계는 큰 타격을 받았다. 듀스베르크는 지배인이 되면서 연구자의 활동을 위한 세미나를 개설하고, 공장 일부나 시설을 개조한 실험실을 대신하는 연구소의 건설을 제안하는 등 연구 환경과 체제의 정비에 착수했다. 1889년에 150만 마르크를 투자하여 연구소 건설에 착수하고 1891년에 준공했다. 1896년에는 의약품 연구소를, 1897년에는 케쿨레의 장서를 구입하여 케쿨레문고를 설치하는 등 체제를 더욱 확충해 나갔다. 특기할 것은 BASF사가 가장 적극적으로 인디고의 개발을 서둔 1880년부터 17년간에 걸친 연구에 한 회사가 200만 마르크의 연구비를 투자하고, 152개 이상의 관련 특허를 얻었다. 당시 최대의 연구 개발의 성공 사례였다. 그러나 실험 경험 부족을 이유로 대학 졸업자를 연구자가 아니라 공원으로 채용한 회사도 있었다.

1876년 에디슨은 멘로파크연구소를 설립하고 각종 전기기기의 발명을 위한 독립적인 연구 활동을 시작했다. 그 결과 전신기, 전화기, 전등 등의 분야에서 많은 성과를 올림으로써 대규모 영리 연구 기관 설립의 선구자가 되었다. 특히 전등의 기업화는 그의 회사의 활동을 촉진했다. 이것은 또한 모범적인 조직적 연구 활동의 의의를 인식시켰다.

19세기 말 거대화한 독점적 대기업은 연구 체제를 정비시켜 그 독점을 더욱 튼튼하게 했다. 19세기 말부터 20세기 초에 걸친 세대교체기에 대기업인 GE사나 WH사는 뛰어난 전기공학자를 처음으로 고용하고 전

동기, 발전기, 전등 등 직접 회사에 이해가 큰 부문에 대해서 광범위한 연구를 집중시켰다. 벨사도 사정은 같았다.

연구 체제 형성기에 연구체제 자체가 지닌 문제도 연구되었다. 처음부터 좋은 조건이 갖추어진 것은 아니었다. WH사의 1880년대의 실험실은 테이블 2대와 간단한 초보적 계기뿐이었다. GE사의 연구소도 뒤뜰의 창고부터 출발했다. 정신력이 선행한다고 하지만 필요한 설비나 장치를 갖추어야 할 시기가 왔다. 또 대학과 산업계의 협력 체제가 일찍이 탄생했지만 아직 양자의 간격이 완전히 메워지지 않았다. GE사는 스케넥터디연구소 창립 당시 MIT로부터 화이트니를 초빙했지만, 그는 기업의 연구보다도 대학에서의 연구를 희망함으로써 우선 시간제로 근무했다.

바이엘사의 연구소는 빈약한 연구 설비와 연구 조건이 열악했는데도 불구하고 염료 합성이나 전기 분야에서 착실하게 성과를 올렸다. 염료 합성, 특히 알리자린이나 인디고의 합성은 기업의 손으로 성공했다. 이 연구소는 "투자 자본은 단기간에 이자를 생기게 하지 않고, 수 배의 효과를 가져온다."라는 확신을 가지고 있었으므로 150만 마르크의 선행 투자가 있었다. 대연구소의 건설은 한 사람, 한 사람이 책임을 지고, 동시에 다수의 협력 체제를 형성하는 구획 방식을 채용했다. 연구의 수행에서는 책임자를 바탕으로 엄밀하게 업무를 분할하고 사람마다 책임을 명료하게 했다. 여기서는 비밀 유지도 용이했다. 또 상호 협력과 연구에 대한 자극을 위해서 세미나가 정기적으로 개최되었다. 학문적 자유와 표리관계인 경제적 채산을 전제로 한 연구 관리가 일찍이 도입되었다. 이렇게 해서 바이엘사의 연구소는 그의 뛰어난 설비뿐만이 아니라, 연구소 운영이나 연구 관리 방식의 도입에서도 세계의 모범이 되었다.

이상과 같은 우여곡절을 넘기면서 연구 체제의 정비를 끝마침으로써 중화학 공업을 중심으로 한 독점적 대기업이 선두를 달리게 되었다. 제1차 세계대전은 이들의 또 다른 비약적인 발전에 커다란 자극을 주었다.

7. 과학을 둘러싼 이데올로기의 형성

실용주의적 이데올로기

19세기 과학 활동의 사회적 특징은 연구 활동이 17, 18세기처럼 아마추어 과학자의 활동이 아니라 과학을 전문 직업으로 하는 연구자에게 맡겨져 있다는 점이다. 18세기 후반에 일어났던 산업혁명 이후, 과학 활동은 중상주의 사회의 과학으로부터 산업사회의 과학으로 바뀌었다. 그리고 19세기 과학적 지식 형성은 새로운 산업의 사회적 발달과 함께 과학 활동을 개인적 취미에서 전문 직업으로 바꾸었다.

예부터 형성된 과학 이데올로기는 과학의 실용주의에 바탕을 두고 있었고, 또한 인간에 의한 자연의 지배라는 주장이 기계론적 자연관과 함께 퍼졌다. 이처럼 과학에 관한 전통적인 이데올로기인 '유익한 과학'이라는 주장은 지금도 유력한 생각의 하나이다. 그러나 과학의 전문 직업화 과정이 진행된 19세기에는 과학의 실용주의적 기초를 대신해서 새로운 과학 이데올로기가 등장했다. 즉 19세기에는 '교양으로서의 과학', '과학을 위한 과학'이라는 새로운 주장이 전개되었다.

과학이 인간에게 자연을 지배할 수 있는 힘을 주므로 자연과학적 연구가 사회적으로 유용하다는 생각은 예로부터 주장되어 왔다. '과학은 실용적으로 유익하다'라는 실용주의적 이데올로기는 아주 오래된 과학에 관한 이데올로기의 하나이다. '아는 것이 힘'이라는 말의 배후에는 과학이 실용적으로 유익하다는 관념이 전제되어 있다. 이것은 17세기부터 18세기에 걸쳐서 여러 국가에 설립된 과학 공동체의 설립 취지 속에도 잘 나타나 있다. 예를 들면 1662년 창립된 영국의 왕립학회의 간사장이던 훅은 1663년의 규약 전문 초안에서 "자연의 사물에 관한 지식 및 모든 유용한 기술, 생산, 기계의 실제, 기관, 실험에 의한 발명을 증진시키는 것"이 왕립학회의 설립 목적이라고 주장했다.

또한 1700년에 독일이 설립한 베를린 과학아카데미는 독일어 및 독일사의 연구 및 육성과 함께, 실용적 학문 및 기술의 장려를 목표로 설립되었다. 이 아카데미의 설립에 중요한 역할을 했던 라이프니츠는 실용적으로 유익한 것이 학문이라는 사실을 명확히 강조했다. 이 아카데미의 설립 당시에 그가 말한 바에 의하면, "아카데미는 단순한 호기심이나 지식을 구하려는 의도에서 시작한 것이 아니고, 쓸데없는 실험을 하기 위한 것도 아니다. 처음부터 학문 연구의 실용화를 염두에 두고 있다. 따라서 아카데미의 목적은 이론과 실천을 결합하는 것이며, 더욱이 그것은 단지 학문을 개선하기 위해서가 아니라, 토지와 그 주민의 농업, 공업, 상업 등 간단히 말하면 생활 수단을 개선하는 것이다."라고 말했다.

과학은 실용적이고 유익한 것이라는 이러한 실용주의적 이데올로기는 프랑스에서도 나타났다. 예를 들면 18세기 계몽주의자들의 중요한 성과 중 하나인 『백과 전서』의 부제목은 '과학, 기술, 공예의 합리적 사전'이다. 그리고 이것은 프랑스혁명 당시에도 변함이 없었다. 예를 들면, 1793년에 파리 왕립 과학아카데미의 폐쇄가 결정되었을 때, 그 폐쇄 방침을 반대한 이유로서 자연과학의 기술에 대한 의미와 자연과학의 국가적 유용성 등이 꼽혔다. 또한 프랑스혁명이 고조에 달했던 1792년 4월에 계몽학자 콩도르세가 국민의회에 제출한 보고서에서, "자연과학은 모든 직업에 있어서 유익하다…… 자연과학의 진전을 주시하는 사람들은, 자연과학을 응용할 경우 실제적 유용성을 누구도 감히 예측하지 못했던 시기에 자연과학의 진보가 기술면에서 즐거운 혁명을 탄생시키는 시기가 육박했다는 것을 분명히 알고 있다."라고 주장했다. 직업 교육을 위해서 자연과학적 지식이 필요하다는 콩도르세의 주장은 이공대학의 설립으로 결실을 맺었다. 또 프랑스에서 과학의 유용성의 이데올로기는 19세기 중엽의 파스퇴르에게도 마찬가지였다. 그는 전신(電信)을 "근대과학의 가장 훌륭한 응용의 하나이다."라고 말했다.

영국의 럼퍼드가 창설한 왕립연구소는 "지식을 보급하고 유익한 기계적 발명과 개량을 일반에게 도입하는 것을 촉진하며, 또 철학적 강의나 실험으로 교육하고 생활의 일반 목표로 과학을 응용하기 위한 공공의 협회"로서 만들어졌다. 그는 '철학적 강의나 실험', 즉 자연과학적인 강의나 실험에 바탕한 교육으로 과학의 실제적 응용을 담당할 인간이 양성된다고 생각했던 것이다.

자연과학적 교양주의

한편 독일에서는 신인문주의자나 관념론자들이 주장하는 교양주의가 탄생했다. 예를 들면, 쉴러는 예나대학 교수 취임 강연 중에서 '학문을 생활의 수단으로 하는 학자'를 비판하고, '빵을 위한 학문' 즉 특정한 직업에 관계하는 학문을 부정했다. 독일에서 교양주의는 실용주의 비판을 전개하는 속에서 대학 철학부에 중요한 의미를 덧붙여 주었다.

'학문에 의한 교양'의 이념을 주장한 훔볼트도 실용주의에 대해서 비판적이었다. 그는 순수한 학문이 대학의 주요 목적이라 주장했다. 예를 들면, 베를린대학의 창립에 관련된 유명한 각서 중에서 대학은 '학문을 학문으로서 추구한다'라는 원칙이 중요하다고 말하고, 대학은 "학문의 순수 이념에 봉사하는 경우에만 그 목적을 달성할 수 있다."라고 규정했다. 그리고 그러한 입장에서 직업 교육을 목적으로 한 고등 교육 기관에 대해서 부정적인 태도를 취했다. 특히 그는 "국가에 있어서나 인간에 있어서 지식이나 언어가 아니라 인격과 행위야말로 중요하다."라고 말하고, 동시에 "국가는 대학을 김나지움이나 전문학교로 취급해서는 안 된다."라고 주장했다. 그리고 대학을 추락시키지 않기 위해서는 "실용을 학교로부터(일반적 이론적인 지식을 가르치는 학교뿐만이 아니라, 특히 실제적인 지식을 가르치는 학교에서) 순수하게, 그리고 완벽하게 격리하는 것이 필요하다."라고 주장했다.

훔볼트는 학문 연구의 중심적 장소로서 대학을 들면서 과학아카데미에 대해서도 비판적 화살의 시위를 당겼다. "대학이 적절히 정비되었다고 한다면, 학문 확충의 일은 대학에 맡기는 것으로 충분하며, 이 목적을 위해서 아카데미 등이 없어도 된다……. 근년에는 눈에 띨 만큼 공헌하는 아카데미는 없으며, 독일의 독자적인 발달에 아카데미는 거의 공헌을 하지 않았다."라고 말했다. 철학자 피히테도 훔볼트와 같은 입장에 섰다. 실용주의에 대한 비판과 연결해 결국 대학 속에는 과학 연구를 위한 자리가 없었다. 훔볼트가 예외로 인정한 것은 수학으로, 수학만은 순수한 학문을 위한 예비적 훈련으로 유익한 것이라 했다.

이처럼 교양주의는 과학 연구에 관한 전통적 이데올로기인 실용주의적 입장과는 모순된다. 교양은 정신적, 도덕적 도야 속에서 형성되는 것으로서 실용성이라는 낮은 차원의 상황에 의해서 형성되지 않는다는 주장이다. 그러므로 자연과학자가 대학 제도 속에 스스로의 위치를 확보하기 위해서는 교양주의와 모순되지 않는 새로운 과학 이데올로기가 필요했다. 자연과학 연구자는 이러한 것을 가능하게 하기 위해서 당시 독일 대학의 지배적인 이데올로기였던 학문 이데올로기에 적극적으로 동조했다. 이렇게 해서 자연과학에서 교양성이 주장되었다. 즉 인문주의자가 자연과학을 공리적 보조학에 불과하다고 비난한 데 반해서, 자연과학자는 자연과학 또한 정신 훈련이라는 측면에서 의미를 지니고 있으며, 교양의 형성에 유익하다고 반론을 제기했다. 여기서 자연과학에서 과학적 교양주의가 형성되었다.

자연과학이 교양의 형성에 의미가 있다는 이데올로기, 자연과학적 교양주의에 의해서 자연과학이 정신문화 속에 자리 잡게 되었다. 자연과학적 지식이 인간적 교양의 일부를 이룩하려면 자연과학 연구 그 자체를 추구해야 한다. 즉 자연과학 연구는 다른 활동을 위한 보조적 수단으로서가 아니라, 인간 정신을 형성하는 과정의 일부를 이루므로 자연과학의 수준 은 그 국가의 문화 수준을 나타내는 한 가지 척도가 되었다.

실용주의와 교양주의의 통합

실용주의와 교양주의를 통합하는 전략을 최초로 선택한 것은 수학자였 다. 실제로 추상화, 이론화가 역사적으로 가장 일찍이 싹튼 분야는 순수수 학 분야였다. 순수수학을 실용주의적으로 몰고 가는 것은 분명히 곤란했 다. 순수수학자들은 수학을 일반 교양으로 간주했다. 그러나 경험적 자연 과학자는 순수수학자의 경우와 달라서 실용적 기초를 구축하는 것을 포기 해야 할 필요가 없었다. 그들은 경험적 자연과학의 경우에도 그것이 실용 적 의미를 지님과 동시에 교양의 형성에도 의미가 있다고 주장했다. 다시 말해서 실용주의적 기초의 구축과 교양주의적 기초의 구축이라는 양립이 가능했다. 그리고 실제로 경험적 자연과학자는 그러한 전략을 취했다. 즉 19세기 후반에 이르러 실용주의와 교양주의라는 두 개의 과학 이데올로기 는 과학의 양면을 나타내고 이해되어 하나로 통합되었다. 예를 들면, 헬름 홀츠는 자연과학의 유용성을 인간에 의한 자연의 지배, 즉 산업에 대한 영 향으로 논하는 한편, 자연과학이 그것보다도 훨씬 심오하고 광범위한 영향 으로 인간 정신이 나아갈 방향에 대해서 부여하는 영향을 거론했다. 나아 가서 자연과학은 '인간 교육의 새로운 본질적 요소'라고 했다. 실용주의와 교양주의의 이 같은 통합은 헉슬리에게서도 잘 나타났다.

이처럼 자연과학적 연구 활동에서는 교양주의적 기초와 실용주의적 기초의 통합이 가능하므로, 자연과학자는 인문주의자와의 '싸움'에서는 자연과학의 교양성을 주장하고 실용주의자와의 '싸움'에서는 자연과학의 실용성을 주장했다. 이것이 19세기 후반에 자연과학자가 이용한 과학 이데올로기의 구조였다.

제3부

현대과학의 사회학적 분석

1. 1920~1930년대 미국의 과학 기술

과학 기술에 있어서 정부의 참여

제1차 세계대전이 끝난 뒤, 미국 정부가 과학 기술에 대한 연구 개발의 역할을 산업계에 양도하자, 국가가 운영하는 연구 시설은 전쟁 전의 수준으로 내려가 1920년대에는 거의 발전하지 못했다. 국립과학 아카데미 소속 국립연구회의(National Research Council, NRC)는 상설 기관이었지만 자금 부족으로 쇠퇴하고 군부에 의한 원조도 끊겼다. 이제 과학은 전통적인 상아탑 속으로 퇴각했다. 정부 고위 관리 중 H. 후버만이 과학 연구 시설에 관심을 가지고 산업계로부터의 기부금으로 순수과학을 위한 국립연구기금을 만들려고 노력했지만 실패로 끝났다. '스틸먼 보고'에 의하면 1930년에 산업계가 미국 연구 개발비의 70%를 지출한 데 반하여, 정부는 고작 4%, 대학은 12%, 기타 기관은 4% 정도를 지출한 데 지나지 않았다.

그러나 1929년 가을부터 시작된 대공황과 루스벨트 대통령의 취임(1933년 3월)은 국가가 운영하는 과학에 새로운 활기를 가져왔다. 루스벨트 대통령은 미증유의 대공황을 극복하기 위해서 뉴딜 정책을 채택하고 그 일환으로 TVA 개발 사업을 계획했다. 이 계획은 금융 분야를 제외하고 미국 정부가 적극적으로 개발 사업에 편승한 최대의 정부 사업으로, 미국 사회에서 당시까지 기획된 일이 없었던 대규모 연방정부의 참여였다.

　이러한 종합적인 개발 사업을 일으킨 것은 실업 문제(테네시강 유역의 식목에만 5~7만 명이 투입되었고, 장차 20만 명을 필요했다)를 필요로 했는데 이는 불황 극복을 위한 것이었다. 결과적으로 많은 성과를 올렸고, 동시에 미국 정부의 경제에 대한 적극적 참여의 시초였다. 특히 정부 스스로가 전력 사업에 손을 댄 것은 전력 사업의 독점 대책에 대해서 커다란 의의를 지니고 있다.

산업연구소와 과학 기술의 발전

　20세기 초부터 미국 기업체는 점차 자신의 연구소를 만들어, 대학 교육을 받은 과학자를 고용했다. 최초로 이를 시행한 것은 기업 자체가 실험실 속에서 탄생한 산업, 이를테면 전기산업과 같은 것이었다. 재래의 기업이 과학을 그 활동 범위 안으로 끌어들인 것은 그 이후였다. 그 이유는 기업에서 과학 응용의 현실성과 가능성이 그 당시 모든 사람의 눈에 확실히 보였기 때문이었다. 따라서 과학의 효용성이 새로운 국면을 맞게 되었다. 특히 기업 조직 내 연구소의 조직이 급속히 증가하여 1920년 300개였던 연구소가 1940년에는 3,480개로 늘어났다. 이 기간 중 산업계의 과학 연구소의 연구원도 약 9,300명에서 70,000명 이상으로 증가했다. 1921년에 50명 이상 연구원을 고용한 회사가 겨우 15개에 불과했지만 1939년에는 120개로 늘어났다.

이처럼 산업계의 과학 연구는 실용 연구 이외에도 고도의 기초 연구를 얼마간 성취했다. 예를 들면, 1927년에 결정(結晶)에 의한 전자 회절의 실험적 연구로 1937년 노벨 물리학상을 받은 데이비슨(C. P. Davisson)은 벨연구소의 연구원이었다. 그는 1911년에 프린스턴대학에서 박사학위를 받은 후 1911년 9월부터 1917년 6월까지 카네기공과대학의 강사로 재직했다. 그는 1917년 여름 웨스턴일렉트로닉(벨전화연구소의 전신의 일부)의 임시 연구원으로 재직했으나, 제1차 세계대전 후에는 대학을 그만두고 벨전화연구소의 정식 연구원이 되었다. 그가 벨전화연구소에 들어옴으로써 이곳의 기초과학 연구의 전통이 점차 강하게 부각되었다. 1948년에 그는 트랜지스터를 발명했다. 또 1956년에 노벨 물리학상을 받은 벨전화연구소의 쇼클리(W. Shockley)는 노벨상 수상식 연설에서, "내가 1936년에 박사학위를 취득한 뒤에 곧바로 벨전화연구소에 취직할 것을 결심한 것은 데이비슨이 나의 지도자가 될 것이라 생각했기 때문이다."라고 말했다.

이처럼 미국의 산업계에서 기초과학 연구가 중시된 까닭은, 첫째 기초 연구는 실용적 관점에서 보아도 유익하다는 점, 둘째 기초 연구는 그것을 시행하는 회사의 광고 효과가 있다는 점 등 때문이었다. 첫 번째 생각에 관해서 MIT의 교수로서 산업 관계 (industrial relation)를 전공한 경제학자 매클로린(W. R. Maclaurin)은 GE연구소에 관해서 다음과 같이 말했다. "GE연구소는 미국의 다른 어느 연구소보다도 연구에 투자한 달러에 비해서 큰 수확이 있었다는 것이 내가 받은 인상이다." 그러나 1930년대에는 그다지 성공하지 못했다. 그것은 대불황 시대에 연구비가 심하게 깎였기 때문이었다.

두 번째 생각에 관해서 영국의 물리학자 버널은 "이러한 것-기초 연구가 광고 가치를 가지고 있는 것-은 실제로 실용 가치가 적은 순수한 과학적 연구가 많이 일어날 수 있도록 유도한 반면, 다른 한편으로는 명백하게 선전 가치가 높은 부문, 예를 들면 천문학·원자 부문, 생명의 본질, 무서운 질병의 치료 등과 같은 것에 중점을 두도록 유도함으로써 그 밖의 다른 중요한 부문에는 피해를 주었다."라고 비판했다.

재단의 역할 — 록펠러재단

이 시기에 록펠러재단은 기초과학의 발전에 있어서 국내는 물론 세계적인 규모로 활동했다. 1901년에 설립된 록펠러의학연구소 이외에 록펠러재단 관계의 4개 단체 즉 록펠러재단, 일반교육재단, 해외교육재단, 로러·스펠먼기념재단 등이 1920년대에 활동했다. 1928년에는 재단이 재편성되고 록펠러재단과 일반교육재단만이 남았다. 그리고 록펠러재단을 자연과학부, 사회과학부, 인문과학부, 국제보건부, 의학부 등 새로운 5부로 구성했다.

자연과학부의 창립으로 기초과학을 촉진하는 것이 재단의 주요 사업의 일부가 되었다. 특히 자연과학에 대한 재단의 관심은 보건과 의학에서 시작되었다. 제1차 세계대전이 끝나자 재단이사였던 록펠러 의학연구소의 프렉스너(S. Flexner)는 의학연구자가 물리학이나 화학에 관한 충분한 교육이 결여되어 있다는 사실을 깊이 통감하고, 록펠러의학연구소와 유사한 물리와 화학연구소의 창립을 구상했다. 그러나 그 후 이 구상을 포기하고 그 대신 NRC의 제안을 재정적으로 지지하고, 1919년에는 젊은 과학자를 양성하기 위한 국립연구장학금(National Research Fellowship)을 발족시켰다.

첫해에 NRC의 인선에 따라서 물리학 6명, 화학 7명으로 총 13명에게 장학금이 지급되었다. 1923년에는 장학금의 수혜 범위가 넓어져 생물학도 그 대상이 되었고, 후에는 천문학, 지질학, 지리학도 포함되었다. 이 장학금을 받은 사람들이 명문 대학의 학부에서 최고 지위를 차지하거나, 정부 연구의 열쇠를 장악했다. 그리고 세 사람이 노벨상을 받았다. 가속기의 발명으로 1939년에 노벨상을 받은 로렌스(E. O. Lawrence)도 이 장학금을 받은 사람 중 한 사람이다.

1933년 록펠러재단은 실험생물학의 연구를 주요 연구 분야로 선정하고 원조할 방침을 수립했다. 물리학, 화학, 기타 자연과학의 연구가 생물학적 지식의 진보에서 중요하다는 사실을 인식하면서, 그 후 생물학과 물리학 및 화학과의 경계 영역의 연구에 많은 보조금을 적극적으로 지급했다. 또한 종래의 생물학 분야 중에서 실험유전학이 가장 많은 원조를 받았다. 미국의 유전학 연구의 상황을 같은 시대의 러시아(구소련)의 유전학 연구 상황과 비교해 보는 것은 매우 흥미롭다. 당시 러시아는 공인철학으로 인정받은 루이센코 학설의 전성기로서 실험적 연구는 거의 실현되지 않았다. 따라서 실험적 유전학의 연구 체제는 미국과 러시아에서 본질적으로 차이가 있었다. 1930~1940년대에 두 체제의 유전학 연구는 정치·경제 체제로부터 큰 영향을 받았고, 이것은 독일의 경우도 해당된다.

프린스턴고등연구소의 설립

1933년 프린스턴고등연구소가 설립되기 이전에는 순수과학 분야에서 고도의 연구를 전문적으로 시행하기 위한 연구 기관을 거의 찾아볼수 없었다(의학 분야에는 록펠러의학연구소). 대부분 미국 대학에서는 학부교육과 직업교육에 대한 비중이 컸고, 대학원은 박사학위를 얻을 때까지 연구(graduate study)를 하기 위한 장소일 뿐, 그 이상의 고도의 연구(post graduate study)를 하는 장소로서는 적절하지 않았다. 이 때문에 미국의 많은 과학자가 국내에서 박사학위를 취득한 뒤에 유럽, 특히 독일 대학에서 유학하여

독일에서 유학한 미국인 학생 수

	법학부	의학부	신학부	철학부 (자연계, 인문·사회계)	복수학부에 등록한 학생 수	불명	계
1810~40	3	6	12	24(20, 4)	4	—	41
1840년대	2	3	14	26(18, 8)	1	3	47
1850년대	12	5	8	54(31, 23)	1	3	81
1860년대	10	17	8	54(20, 34)	—	6	95
계	27	31	42	158(89, 69)	6	12	264

전문적 교육자로서 발돋움하기 위한 훈련을 받았다. 이 현상은 제1차 세계대전으로 한때 중단되었지만 1930년대 초기까지 지속되었다. 원자에너지 연구로 유명해진 미국 과학자 대부분이 1922년부터 32년 사이에 한번 정도 괴팅겐대학에 갔던 일이 있었다.

프린스턴고등연구소 설립에 커다란 역할을 한 초대 소장 프렉스너는 처음에 존스 홉킨스대학에서 의학을 공부했지만, 그 후 교육 제도의 전문가로서 유명해진 사람이다. 그는 1920년대 초부터 미국 학계를 황금시대-제1차 세계대전-로 몰고 가게 한 독일학계의 역할을 할 수 있는 연구소를 미국 내에 설치할 필요가 있다는 사실을 계속 주장했다. 이 주장에 공감하여 뉴저지에 살고 있던 백화점 주인 밤버거(L. Bamberger)와 그의 누이 펄드(F. Fuld) 부인이 대불황기였음에도 불구하고 약 500만 달러를 기부했다. 그래서 1930년 10월 프린스턴고등연구소의 창립을 위한 제1회 평의원회가 열렸다.

프렉스너는 1932년부터 2년간 프린스턴고등연구소의 연구원을 뽑기 위해서 미국과 유럽 각 대학을 찾아 나섰다. 그는 1932년 당시 베를린대학 교수였던 아인슈타인(A. Einstein)에게 신설 연구소의 교수 지위를 교섭했다. 아인슈타인은 이 제안을 받아들여 미국으로 망명했고, 1933년 가을부터 프린스턴고등연구소의 교수로서 활동했다. 이렇게 해서 이 연구소가 활동을 시작했는데, 이 시기는 마침 히틀러가 유대인 학자를 추방한 시기에 해당되므로, 신설된 이 연구소는 우수한 유태계 유럽인 과학자들에게 망명을 위한 자리를 제공한 셈이었다. 이즈음에 프린스턴고등연구소는 인종, 종교, 성차별이 거의 없었다. 민주적이고 국제적인 위상을 지니고 설립되었다는 사실은 매우 중요했다.

과학 연구 중심의 이동

제2차 세계대전 후에 과학 연구의 중심은 유럽에서 미국으로 옮겨졌다. 그러나 그 시기가 언제, 어째서 일어났는가에 대해서는 전면적인 연구가 거의 되어 있지 않다. 위의 문제를 물리학, 특히 핵물리학 분야를 중심으로 살펴보면, 핵물리학 연구의 중심(어느 의미에서는 물리학 연구의 중심)이 유럽에서 미국으로 옮겨진 것은 1933~1935년 사이였다. 그리고 그것은 사이클로트론이나 판데 그래프를 발명한 실험물리학자들이 미국에서 양성된 점, 이러한 입자가속기를 만드는 데 필요한 진공 기술에서 미국의 기술 수준이 높았다는 점, 그리고 이러한 종류의 연구에 대해서 미국의 산업계로부터 여러 가지 형태로 연구 자금이 주어진 데 그 원인이 있다고 볼 수 있다. 덧붙여 파시즘을 피하여 유럽에서 망명한 과학자들이 프린스턴고등연구소, 컬럼비아대학 등에서 활발한 연구를 했다는 사실도 빼놓을 수 없다.

산업체에서 미국의 과학 기술의 상황에 관해서 이미 살펴보았는데, 결론적으로 버널이 말한 것처럼 미국은 놀랍게도 사기업과 독점의 혼합 위에 선 사회 제도가 과학을 위해서 최선을 다한 것을 보여주었다. 그 이유는 이 시기에 미국의 순수과학 연구 체제는 예상외로 의학의 연구 체제로부터 큰 영향을 받았기 때문이다. 그 예로, 이미 기술한 국립연구장학금 설립의 경우를 지적할 수 있다. 또 프린스턴고등연구소 초대 소장이 된 프렉스너는 존스 홉킨스대학에서 의학 교육을 받은 과학자로, 의학 분야에서 고도의 연구가 시행된 두 연구소, 즉 록펠러연구소와 존스 홉킨스대학 의학부의 발전을 자신의 눈으로 보아 왔기 때문에 신설된 프린스턴고등연구소의 운영에서 그 경험을 되살렸다.

2. 1930년대 파시즘 과학

파시즘 체제에서 과학 기술자의 위상

사회 불만을 제쳐놓고서라도, 미·영·프 선진 자본주의 국가에 비해서 독일, 이탈리아, 일본 등 제국주의 경쟁에 뒤늦게 참가한 국가들도 '가진 국가'와 '갖지 못한 국가'라는 선전 아래 국내적으로는 배타적 민족주의, 대외적으로는 침략적 팽창주의를 선택했다.

이러한 국가 체제 속에서 과학은 어떻게 자리 잡았는가. 19세기 말기까지 과학은 부르주아 자유주의 속에서 배양되고, 자기 목적에 봉사하는 자율적인 모습을 지니고 발전해 왔다. 그러나 제1차 세계대전을 거치면서 과학은 국방이나 자원 개발의 유용성 때문에 정치 체제의 주목을 받음으로써, 과학자는 체제에 의해서 점차 규제되고 지시받기 시작했다. 특히 국가지상주의를 표방하는 체제에서는 국가 권력이 과학이나 과학자의 활동에 더욱 심하게 개입되었다.

이러한 경향에 대해서 보편성이나 국제협력성이 있는 연구 분야의 국제적인 일류 과학자들은 위협을 느꼈고, 고전적이고 코스모폴리탄적 자유의 견지에서 파시즘 체제에 대하여 저항과 비판이 시도되었다. 특히 독일의 망명 과학자나 영국의 과학적 휴머니스트들의 비판이 『자연』(Nature)

등을 무대로 전개되었다. 그러나 일부 권력 지향형의 2류 과학자 중에는 정치적 경향에 편승하는 일도 생겼다.

특히 기술은 코스모폴리탄적 가치를 추구하는 쪽보다도 지역의 조건에 밀착하고 체제에 이용되어 그 목적이 달성되었고, 또한 부국강병, 계획화된 사회 건설의 노선에 따랐으므로 이데올로기에 관계없이 통제 경제의 체제에 쉽게 순응했다. 또 과학 기술자는 계급 투쟁의 어느 쪽에 속하기보다는 그것을 초월하는 곳에 위치해 있었다. 그러나 초등학교 교사층과 봉급 생활자는 중간 계층에 서서 중간 계층을 사회적 기반으로 하는 전체주의에 보다 친밀감을 느꼈다.

또한 독점주의 체제에서는 자본이 요구하는 이윤 추구가 우선했으므로 과학 기술의 자유스러운 발전이 왜곡되었다. 그러나 전체주의 체제의 과학 기술자는 국가나 당에 직결되어 근대적 관료주의와 기능 분화 속에 놓이게 되었다. 특히 나치 독일에서처럼 금융자본에 대한 산업자본의 우위가 정치적으로 보증된 곳에서는 기술자가 우위에 서 있었으므로 기업 안에서 기술계가 사무계를 압도했다. 또한 국가 목적을 위해서 이윤을 도외시한 연구비가 주어지는 일이 가능했다. 더욱이 과학 기술자도 당의 권력에 종속되어 있었으므로 지배자에게 충성하는 한 과학 기술의 전문가는 자본주의 체제에서보다 전체주의 체제에서 유리했다.

1930년대에는 산업혁명기의 고전적 기술에 대해서 새로운 과학처리법을 위시한 새로운 사업이나 기술이 등장하여 산업 구조에 변혁을 가져왔다. 이러한 새로운 산업의 기초 위에 서 있는 기술은 고전적 기술보다도 한층 과학적이었다. 그러나 연구에 대한 결과는 항상 불확정성이 따라다니므로 한 기업이 전적으로 이를 부담할 수 없었다. 따라서 기업체는 국가로부터의 연구 투자를 요구했다. 나치 치하의 독일에서는 전통적으로 강한 카르텔, 독점 기업과 국가 권력의 유착으로 '전체주의적 독점주의'라 할 수 있는 형태가 생겼는데, 이 체제에서도 대규모 연구 투자가 가능했다.

어쨌든 산업 구조 변혁의 기초는 기술혁신이고, 따라서 기술자는 경제 기구 안에서 주역으로서 활동했다. 실제로 화학자 레이(R. Ley-노동전선지도자), 기술자 톳트(F. Todt-도로건설자), 건축가 스피어(A. Speer-톳트의 후계자), 기사 케플러(W. Kepler-국토개발협회), 기술자 핏츠(A. Pietzsch-전국경제회의소) 등은 히틀러에 의해서 등용되어 독일 재건에 앞장섰고, 기술자 사이에서 스타로서 추앙받았다.

나치 과학의 특징은 첫째, 인종적 우월과 편견을 객관적이라고 보는 과학 세계를 수립한 점, 둘째, 당 또는 국가에 의한 연구의 강력한 계획과 통제를 수행했다는 점이다. 이 두 가지는 모두 국제적이었던 종래의 과학을 국가 체제에 종속시킨다는 의도로부터 출발한 것이다. 전자는 과학자와 기술자들의 반발을 불러일으켰지만 후자는 국가권력을 배경으로 과학 기술을 강력하게 구사하는 계획이었으므로 환영을 받았다. 고용주가 국가이자 당이므로 기술자의 협력 범위가 넓혀진 것은 확실했다.

파시즘 체제에서 과학 기술을 편성하고 조직하려는 시도는 무솔리니 치하의 이탈리아에서도 나타났다. 그곳에서는 '조합국가'의 이념 하에서 직업별 조합(길드)을 만들어, 대표자를 출석시켜 파시스트 당원이나 정부의 지도 하에 놓았다. 지적 자유업에도 같은 방식으로 압력을 가했다. 1927년 지식인 노동조합이 결성되고, 1932년 파시스트 정권(로마 행진 이래) 10주년 축제가 로마에서 열렸을 때, 무솔리니의 제안으로 지식인이라는 이름을 '자유업·전문가 연합'으로 바꾸었다. 이 조직은 정부의 행정장관을 장으로 하고, 파시스트당으로 대중을 대표하는 부서의 평의원 3명으로 이루어졌다. 그리고 그 밑에 법률, 의학, 기술, 문예 등 4개의 조합을 두었다.

이것은 평화시에 개인적인 전문가 사회에까지 체제의 손을 뻗쳐 조직화에 이른 예로서 주목할 만하다. 이것은 영국의 과학 노동자처럼 과학자의 자주적인 조합 조직이 아니라 조합을 통제하기 위한 조직이었다. 이조직을 통해서 과학 기술자를 끌어들였고, 무솔리니 체제가 의도하는 방향으로 그들을 이끌어 갔다.

과학 기술을 체제에 종속시키려는 의도가 가장 노골적으로 나타난 것은 나치 독일의 치하에서였고, 나치의 선전 팸플릿은 바로 이 점을 강조했다. 예를 들면, 문교 장관 베른하르트 루스트는 과학자도 체제에 속해야 한다고 설득했다. 하이델베르크대학 총장인 에른스트 크리크의 언동은 나치의 반과학을 대변한 대표적인 예라고 말할 수 있는데 그는 과학적의의보다 유용성을 주장했다. 이러한 설교가 어느 정도 효과가 있었는지는 의문이다. 또 연구 동원 체제도 이탈리아의 그것처럼 확실한 것은 아니었지만, 학회와 연구소, 그리고 대학은 군부나 정부에 협력했다.

이상 기술한 체제 하에서 과학 기술은 개개의 과학 기술자의 창의나 과학 기술에 내포되어 있는 자생적인 발전의 논리와 전혀 관계가 없었다. 그것은 체제의 필요에 의해서 그 발전의 길이나 영역이 규제되기 때문이었다. 따라서 매우 근시안적인 실용성만을 주장하고 체제의 테두리를 넘어선 기술혁신에 대한 발전을 억제하는 경향이 있었다.

나치의 대학 관리와 대학인의 반응

세계 학계에 충격을 주고 국제적으로 주시한 것은 나치의 대학 관리 방식과 유대인 학자의 추방이었다. 19세기 세계 대학의 모델이었던 독일 대학은 교수회를 중심으로 운영되었고 학장은 그 대변자에 불과했으나, 나치 치하에서 학장은 문교 장관에 직속되고 문교 장관에 대해서만 책임을 지며, 학장은 '지도자'로서 대학을 통솔했다. 이처럼 관리자를 통해서 대학을 통제하고 탄압한 결과 격렬했던 학생 운동도 잠잠해졌다.

대학은 양적으로도 쇠퇴하여 대학(단과대학도 포함)에 재학 중인 학생 수가 감소했다. 이러한 경향은 1933년 나치가 정권을 장악하기 이전부터 나타나기 시작했다. 그 이유로는 제1차 세계대전 중 출생률이 적었던 세대의 아이들이 대학 취학 연령이 되었던 점과 1929년 이래 불황이 심화된 점을 들 수 있다. 이러한 감소 경향에 박차를 가한 것이 나치의 정책이었다.

나치의 대학 제한 정책은 주로 경제적 이유 때문이었다. 독일 대학의 학생 수는 과거 100년 동안에 10배로 증가하여 학생 수와 교수 수의 비율이 커졌다. 따라서 이에 알맞은 교수진이나 시설의 확장을 위한 국비의 부담이 커졌다. 학생의 대량화가 극대화된 결과 대학 졸업생은 취직자리를 얻지 못하고, 지적으로 유민화되어 반체제적 위험 분자가 되었다. 이에 대해서 역대 내각은 별다른 대책이 없었으므로 나치 정권은 적극적으로 학생 수를 제한했다.

우선 대학의 학생 수용 인원을 동결하고, 특히 여학생을 가정으로 되돌려 보냈는데 그 수를 학생 총수의 10%로 제한했다. 그리고 대학 입학시험을 엄격히 하여 히틀러 유겐트의 가입을 조건부로 하거나, 정치적 의견에 대한 시험을 실시함으로써 지적 자격이라기보다는 나치 정책을 노골적으로 중시한 '정치적 자격'을 강화했다. 또 비아리안 인종 학생의 입학을 거부하고 외국인 학생의 유학도 상당히 제한했다.

나치 이전의 1932년과 나치 치하의 1937년의 학생 수를 비교하면 총수에서 57.8%가 줄어들었다. 선전 활동의 수단으로 강조한 저널리즘의 학생 수는 169.7%, 나치 체제하의 지도의 필요에 따른 교육은 142.5%, 농본주의 하의 식량 확보를 겨냥하여 농학은 107%로 증가했다. 이에 반해 자연과학계에서 의학은 70.2%, 화학은 58.0%, 수학·자연과학은 35.6%로 줄었고, 인문계는 더욱 심하여 4분의 1로 감소했다. 히틀러 치하의 카이저 빌헬름연구소에서도 과학 기술 관련의 직원 수가 격감했다. 이러한 숫자가 나타난 것만 봐도 국가 사회주의 체제는 과학 기술자와 친구가 될 수 없었다.

이와 같은 정부의 개입에 대해서 대학 측과 과학자 측에서 어떤 비판이 있었는지 판단할 충분할 자료가 없다. 그러나 망명자 이외는 일반적으로 체제에 따르고 불만분자도 침묵을 지켰다. 1933년 히틀러가 수상이 되자 슈트가르트의 공과대학에서는 바로 히틀러에게 명예학위를 주었다.

제1차 세계대전 후의 독일에는 1926년에 창립된 셀로텐부르크 공업학교 내에 위장한 군사물리화학연구소가 설치되었다. 국방과학 연구가 본격화된 것은 히틀러가 권력을 잡은 1933년으로서, 우선 게링을 총수로 항공기 개발에 착수하고 전시에 대비하여 질이 낮은 국내산 철광석 처리법이나 화학비료 등 자원 부족을 보조하기 위한 과학 기술과 독가스 제조를 위한 화학 연구를 장려했다. 반면에 이론물리학이나 인류학 등은 냉대받았고 발생학과 같은 생물학 분야는 완전히 사멸했다. 특히 과학자가 솔선수범하는 자생적인 발전의 방향에서 본다면 매우 편협한 과학 기술의 구조가 생겨났다. 나치의 이념에 동조하지 않은 일부 과학자에 대한 탄압으로 이 경향이 더욱 심해졌다.

『과학』(Science vol. 94, 1941, p.488)의 보고에 의하면, 1930년에 물리학의 국제적인 잡지인 『Zeitschrift für Physik』에는 700편의 논문이 실렸으나 1938년에는 150편으로 감소했고, 1932년 미국의 『물리학보』(Physical Review)에 실린 독일인 논문은 35%였으나 1939년에는 15%로 줄었다. 이처럼 절대량에 있어서도 연구 논문의 생산이 감소한 데다 외국과의 교류도 줄어들었다.

나치 치하의 인종 문제와 과학자의 추방

파시즘 체제의 과학 기술에서는, 첫째 자원 및 국가에 관계하는 기술의 우선, 둘째 코스모폴리탄적 기초과학의 경시라는 두 가지 특징이 있었다. 거기에다 나치 특유의 인종 문제, 유대인 배척, 아리안의 존중이라는 우생학 이론이 덧붙여졌다. 이 특징은 나치의 바이블격인 히틀러의 『나의 투쟁』에서 이미 주장되어 왔다. 히틀러는 아리안은 문화 창조적 인종인데 반해서 다른 민족은 문화 지지적 인종에 불과하다고 강조했다. 일본의 과학도 아리안의 영향 없이는 수년 안으로 사멸한다고 했다. 이러한 히틀러의 생각은 어용학자의 손에 의해서 정식화되고, '학문에 대한 자유의 제한, 과학에 대한 객관성의 부정, 민족 과학의 특징의 선양'으로 이어졌다.

나치의 아리안 우위론에 감염된 민족주의는 국제적인 것에 반발하고, 노동자는 적색 인터내셔널 외에 교회를 흑색 인터내셔널, 과학을 백색 인터내셔널로서 배척했다. 또, 독일 노벨상 수상자의 4분의 1을 점유하는 유대인 학자를 추방하고, 독일인 학자의 노벨상 수상을 거부했다. 레너드 슈타르크에 의한 상대성 이론의 비판은 유명한 예로서, 유대인 학자인 아인슈타인의 발견은 볼셰비즘과 관계가 있으며 부도덕을 넓히는 것을 의도한 것이라고 비난했다. 또한 독일 물리학자 헤르츠의 저서 『역학』도 다른 인종의 사상이 들어 있다고 배척되었다. 1933년에는 유대인 배척법을 수립하고 각종 압력을 가했다. 공중질소 고정법을 발견하여 제1차 세계대전 중 국민적 영웅이었던 물리학자 하버(F. Haber)는 카이저 빌헬름연구소의 물리화학 부장이었는데, 유대인을 많이 채용했다는 이유로 파면됐다. 하버는 다음 해에 스위스로 망명했다가 그곳에서 죽었다.

유대인 이외도 나치의 뜻에 따르지 않은 지식인은 피해를 받았다. 과학자 사이에도 밀고나 모함 등이 만연했고, 남아 있는 사람과 쫓겨나는 사람 사이에 틈이 생겨 사기가 저하되었다. 추방된 학자는 전 과학자의 21%를 헤아렸고, 특히 나치 독일에 남아 있는 과학자 중에서도 무능한 사람을 좋은 대학과 좋은 자리에 앉혔다. 반면에 우수한 학자를 좌천시켜 연구할 수 없는 환경 속으로 몰아내는 일도 있었다. 한편 사상적 원인 때문에 독일은 물론, 파시즘 여러 국가로부터 망명 과학자가 속출했다. 1938년의 통계에 의하면 독일, 오스트리아로부터 망명한 사람은 1,880명, 이탈리아로부터 225명, 체코슬로바키아로부터 160명, 스페인으로부터 103명에 이르렀다.

나치에 의해서 추방된 학자의 문제는 전 세계 학계의 동정을 받았으나, 평시 외교 하에서 국가가 노골적으로 구제의 손길을 뻗칠 수 없었다. 그래서 대학 학장이나 학회 회장의 제안으로 학자들이 앞장서서 우선 1933년 영국에 학자구제위원회(Academic Assistance Council)를 설립하고, 국제연맹의 지적협력위원회에 호소하는 동시에 망명 학자의 취직 알선에 앞장섰다. 후자는 히틀러가 국제연맹을 무시했기 때문에 효과가 없었으나, 전자는 1937년에 '과학 및 지식보호위원회'(Society for the Protection of Science and Learning)로 이름을 바꾸고, 영국의 핵물리학자 러더퍼드가 회장직을 맡아(그는 죽을 때까지 그 자리에 있었다) 전쟁이 끝날 때까지 활동을 계속했다. 1936년에는 프랑스에도 똑같은 조직이 생겼다.

망명 과학자를 집단으로 받아들인 곳은 이스탄불대학교 앵커러연구소, 함부르크에서 런던으로 이전한 워브룩연구소, 뉴욕사회연구소, 프린스턴과 던블린의 고등연구소, 이스라엘의 헤브라이대학 등이었다.

나치가 추방한 교수 명단(Manchester Guardian Weekly, 1933년 5월 19일)

3. 과학의 산업화와 기초 연구의 위기

보이어와 포르쉐

1973년은 생물학계에 여러 가지 의미에서 커다란 전환점이 된 해였다. 이 해에 스탠퍼드대학의 코헨(S. N. Cohen)과 캘리포니아대학 샌프란시스코분교의 보이어(H. W. Boyer)가 개발한 기술로 생물공학(Biotechnology)이 현실적인 것으로 되었고, 드디어 유전공학 산업이 탄생했다.

코헨과 보이어 두 사람은 여러 생물로부터 얻은 여러 유전자를 그 기능을 지닌 채 박테리아에 도입하는 간단한 방법을 발견했다. 이처럼 유전자 치환으로 만들어진 박테리아를 사용할 경우에 원하는 물질을 대량으로 생산할 수 있다. 그들의 발견은 당시까지 연구자들이 꿈에서만 그렸던 세계를 단번에 현실화했다. 그들 덕분에 지금까지 동물이나 식물의 조직에서 많은 노력을 들여 정제해 온 단백질을 이제는 박테리아를 작은 공장으로 삼아 곧바로 만들어 낼 수 있다.

거의 같은 시기에 모노크로날 항체를 대량으로 만들어 내는 기술도 개발되었다. 모노크로날 항체는 세포 수준에서의 생명현상을 미세한 부분까지 관찰할 수 있는 놀랄 만한 시약이다. 이러한 성과는 마치 생명의 신비를 밝힌 책이 돌연 출간되었다고 말해도 과언이 아닐 정도이다. 이 무렵부터 보이어가 호화스러운 포르쉐를 타고 해안선을 우아하게 달리는 모습을 볼 수 있었다. 그에게 인생의 새로운 장이 돌연 열린 셈이었다.

그 후 유전공학의 붐은 연구실에서 사용되어 온 기술을 크게 변화시켰을 뿐만 아니라, 생물학 연구 본연의 모습과 연구비를 둘러싼 환경을 크게 바꿔 놓았다. 1994년에 미국의 보건, 의료 관계 연구비의 절반은 유전공학 관련 기업으로부터 출자되었다. 이에 반해서 미국의 의학, 생물학 관련의 연구를 지원하는 최대의 정부 기관인 국립 보건연구소(NIH)가 전 미국의 연구자에게 지급한 연구비는 전체의 32% 수준에 머물렀다. 또 NIH로부터 제공된 연구 조성에 응모한 젊은 연구자(35세 이하)의 수는 1985년에 비해서 절반 정도로 줄었다.

한편 1993년에는 주식 시장에서 가장 장세가 좋은 분야의 하나인 유전공학 관련 기업에 총액 410억 달러가 투자되었다. 이것은 1992년도에 비해서 70억 달러 정도 적지만 그래도 아직 20년밖에 되지 않은 산업으로서는 눈에 띄는 액수였다.

돈으로 이어지는 연구

이러한 변화는 과연 좋은 징조인가. 이는 생물학의 산업화에 따라서 대학이나 정부 연구 기관의 전통적인 학문 연구의 장은 장차 어떻게 될 것인가라는 문제와 직결되었다. 우스꽝스러운 일로서 유전공학 산업을 구축한 기반이 되었던 획기적인 발견은 거의 모두가 대학이나 정부 계열의 연구 기관에 의한 것이었다. 현재 유전공학 산업의 범람 속에서 유명한 연구자 중에는 전통적인 학문의 형태를 유지할 수 없는 위험을 염려하고 있는 사람도 있다. 유전공학의 아버지라 일컫는 스탠퍼드대학의 버그(P. Berg)도 그중 한 사람이다. 만약 돈으로 이어지는 의약품에만 눈을 돌릴 경우, 보편성을 지닌 새로운 아이디어를 얻는 데 꼭 있어야 할 자유로운 발상에 문제가 생기지 않을까 염려하고 있는 사람도 있다. 또 얻은 정보나 결과의 비밀을 지키는 풍조가 퍼질 경우, 대학에서 시행하고 있는 자유로운 공개 토론이 존재할 수 있을지 염려하는 사람도 있다. "커뮤니케이션의 자유가 염려되고 있다"라고 말한 사람은 산·관·학 연구원탁회의(GUIPR)의 회장을 지낸 세레스테(R. F. Celeste)이다. 이 기관은 산업계, 정부, 대학에 소속되어 있는 연구 기관의 상호관계에 관해서 조사하고 있다.

이러한 문제에 대한 여러 해결책이 제시되고 있지만, 이제 시곗바늘을 반대로 되돌려 놓을 수 없는 것은 분명해졌다. 지금 개발되고 있는 기술은 매우 유용하므로 성공할 경우 금전적 보수가 크게 뒤따른다. 코헨과 보이어의 발견으로부터 20년이 지난 지금, 더욱이 학문의 전당 깊숙이 전파되고 있는 유전자 치환은 고교의 생물학 실험에 포함되어 있어도 이상하지 않으리만큼 보급되었다. 또한 많은 생물학자를 고용한 개발회사의 수는 배양 접시 속의 세포처럼 점차 증가하고 있다. 그 수는 이제 전 미국에서 약 1,300 정도이며, 주요한 바이오 의약품 관계 회사는 새로운 시장에서 치열한 경쟁을 하고 있다.

국립보건연구소의 연구 지원

정부로부터 의학, 생물학 분야에 대한 지원이 오랫동안 지속되었지만, 이제는 민간기업이 지급하는 연구 개발비가 정부가 지급하는 연구비의 액수를 넘어섰다. 1993년도에 유전공학 산업체가 대학 연구 기관에 지출한 연구 개발비는 57억 달러로 올라갔고, 새로운 투자에 대한 자금의 공급이 부족한데도 불구하고 대(對)전년도 비로 14%의 신장세를 나타내고 있다. 민간기업의 지원은 생물학 등 기초과학에 대한 정부의 불확실하고 불안정한 지원의 지공 지대를 보완했다.

NIH는 제2차 세계대전 뒤부터 수십 년에 걸쳐 급속한 성장을 이룩해 왔다. 1945년도와 1965년도의 세출예산을 비교해 보면, 1988년의 금액으로 환산하여 40억 달러 증가했고, 물가상승은 있었지만 150배로 늘어났다. 이를 연율로 환산하면 적어도 28%의 순수한 증가율에 해당된다. 이 사이에 메릴랜드주 에세스더에 312억 에이커(1에이커는 1.23km²)의 부지를 가진 NIH는 세계를 선도하는 의학연구소로 발돋움했다.

NIH의 중요한 특징은 그 예산의 4분의 3을 외부에 지급하고 있다는 점이다. 오랫동안 미국 대학의 젊은 연구자들은 NIH로부터 지원된 연구비로 건강한 사람과 환자의 세포에 관한 연구를 계속해 왔다. NIH로부터의 지원으로 NIH나 대학의 연구실에서 연구하고 있는 과제는 상업적인 목적으로 좌우되지 않는 기초적인 연구였다.

하지만 1970년대부터 1980년대로 들어서면서 NIH의 성장에 그늘이 드리워지기 시작했다. 물론 예산 규모 자체는 증가하고 있지만 증대하고 있는 연구비에 비하면, 그 성장은 이전만큼 눈부시지 않다. NIH는 연구비의 증대를 위해서 연구 개발비 지수를 발표하고 있다. 그 상승률은 소비자 물가의 상승률을 웃돌고 있다. 과거 10년 사이의 NIH의 예산증가율을 보면 연구비의 상승률을 고려할 때, 연율 3.9%라는 비교적 완만한 증가에서 멈추고 있다.

그럼에도 불구하고 연구비를 신청하는 연구자의 수는 1970년대 초기부터 급속하게 증가해 왔다. 1972년에 NIH에 신청된 연구 과제는 8,556건인 데 대하여 1992년에는 20,142건까지 증가했다. 그러므로 일류 연구자의 경우에도 NIH의 연구비를 획득하는 데는 이미 숨 막힐 정도로 어려웠다. 1992년에 35세 이하의 젊은 연구자로부터 제출된 신청에 대한 채택률은 단지 22%로서 1985년의 33%에 비해서 낮아졌다.

더욱 주목해야 할 것은 연구비를 신청하는 젊은 연구자 수가 1985년부터 1993년 사이에 어쨌든 53% 감소했다. 이 경향은 관계자를 당황하게 하고 있다. "그 원인은 아직 분명하지 않다."라고 바이러스 학자이자 노벨상 수상자인 NIH의 소장 바머스(H. G. Varmus)가 말했다. 젊은 연구자들은 어디로 가버렸는가. 그들 중에는 큰 연구팀의 일원으로서 활동하고 있는 사람도 있다. 그리고 기타 사람들은 기업체에 취직했든가, 기업체로부터 제공받은 과제에 대해서 대학에서 연구를 계속하고 있을지도 모른다. 사실 여러 대학에서 민간기업과의 공동 연구를 모색하는 움직임이 일고 있다. "대학은 공적인 연구비의 일부분을 민간 자금의 도입으로 보충하기를 바라고 있다."라고 세레스테는 말했다.

연방 기술 이전법

1980년을 경계로 연구비를 둘러싼 상황이 크게 변화하기 시작했다. 이 해에 민간기업에 기술을 이전시킴으로써 대학이나 정부의 연구 기관이 수입을 얻을 수 있도록 하는 법안이 연방의회에서 가결되었다. 당시 카터 대통령이 서명한 이 법안은 매우 중요한 역할을 했다. 이 법률에 의하면 대학이 공식적으로 얻은 연구 성과에 관해서 특허를 신청할 권리나 민간기업이 그 특허의 사용을 허가하는 권리를 갖게 하자는 것이다. 1986년에 제정된 연방 기술 이전법은 공동 연구나 개발 협정이라는 형태로 계약을 체결할 경우, NIH 등의 국립연구소에 소속된 연구자가 민간기업과 직접 협력할 수 있도록 하는 내용이다.

이처럼 대학은 학문을 연구할 뿐만 아니라 경제 발전에도 협력하는 것이 그 임무의 하나로 추가되었다. 1950년대 이후의 냉전 시대에는 적대 국가와 군비 증강 경쟁에 협력하는 것이 가장 중요한 임무였던 정부 계열의 연구 기관도 이제는 국제적 경제 경쟁이라는 새로운 전쟁에 대한 요구를 받고 있다.

대학 측은 민간기업과 협력할 의무를 흔쾌히 받아들이고 있다. 1969년부터 지금까지 대학은 자신이 취득한 특허 중에서 4분의 1을 1991년부터 1992년 사이에 민간기업체에 기술을 이전하도록 허락했다. 그중에서도 의학, 생물학에 관련된 것이 특히 눈에 띈다. 대학 중에는 연구의 실용화 파도를 타고 있는 곳도 있다. 특별한 예이기는 하지만, 앞서 말한 코헨과 보이어의 특허는 1980년 이전법이 발효한 뒤부터 지금까지 10억 달러의 특허 사용료를 받았고, 그 이익은 스탠퍼드대학과 캘리포니아대학에 분배되었다. 물론 대학이 소유하고 있는 대부분의 특허료는 매우 적다. 과학기술 특허의 개척자로 알려져 있는 MIT대학까지도 특허 사용료로 받아들인 금액이 대학 전체 예산의 20% 이하에 불과하다. 하지만 그것만으로도 어느 대학이나 "(연구비의) 샘물이여, 영원하라."라고 기원하고 있다.

기업에 의한 연구 조성이 시행되면 여러 경비 명목으로 대학 연구소에 수백만 달러의 돈이 흘러들어 온다. 하지만 전미대학연락회의의 전무이사를 지낸 민스키(L. Minsky) 같은 사람은 대학이 민간기업과의 관계를 유지하려는 방법에 대해서 비판하고 있다. 그는 "대학은 지독하게 추락하고 있다. 많은 대학이 문제가 있는 계약을 항상 두서너 건씩 가지고 있다."라고 말했다. 민간기업의 유혹으로 시행되고 있는 연구의 타당성에 대해서도 불만이 그치지 않고 있다. 2년 전 당시 NIH의 장관이었던 힐리(B. Healy)가 캘리포니아주 라호야에 있는 스크립스연구소와 스위스의 제약회사인 산드사 사이의 계약을 비판하여 물의를 일으킨 일이 있었다. 제안된 계약 문서에 의하면, 산드사는 스크립스연구소에 연간 3,000만 달러를 지원하고, 그 대가로 스크립스연구소에서 이룩한 발견의 대부분에 대해서 제1선매권을 갖도록 되어 있다. 힐리는 이 계약 내용에서 스크립스연구소의 과학자의 연구에 대한 자유가 손상되었다고 지적했다.

실제로 유명한 많은 연구자들이 스크립스연구소와 산드사 사이에 이루어진 계약 내용에 문제가 있다고 지적했다. 또한 이 계약으로 산드사가 얻는 독점적인 권리에 대해서 상식 밖의 일이라고 지적했다. 그 결과 이 계약이 개정되어 산드사는 연간 2,000만 달러를 지원하는 대신, 스크립스연구소에서 이룩한 연구 성과의 47%에 대해서만 제1선매권을 갖는다는 내용으로 변경했다. 이 연구소는 이 이외에도 NIH로부터 연간 7,000만 달러의 연구 지원금을 받고 있다.

캘리포니아주에 있는 카이론사의 사장인 펜호트(E. Penhoet)는 스크립스연구소와 산드사의 소동을 계기로 민간으로부터 지원받는 연구 계약에 관한 전문위원회의 부위원장에 취임했다. 이 소동을 진압하기 위한 점도 있었지만, 'NIH로부터 연구 지원을 받고 있는 연구자가 민간기업의 자금을 제공받아 공동 연구를 실시하는 데 있어서 고려할 주의 사항'이 전문위원회의 의견으로 발표되었다. 이 중에는 "자금 원조를 받을 때 대학이나 연구소의 과학자가 과제 선택의 자유, 자금 원조에 따른 연구 활동에 참가하는 선택의 자유, 연구 결과를 학회에서 발표하거나 논문 기타의 방법으로 발표하는 자유가 침해받는 일이 있는지 확인하지 않으면 안 된다." 라고 밝혔다. 이어서 그는 "스크립스연구소와 산드사의 계약의 득수성은 아직 완성되지 않은 것까지 포함하여 산드사가 독점권을 지니고 있다는 점이다. 바이 달러 법의 취지는 이미 발견된 것에 관한 특허의 사용권을 민간에게 유상으로 양도한다는 점에 있다."라고 지적했다.

대학과 민간기업 협력의 부작용

스크립스연구소와 산드사의 경우는 특별한 예외일지 몰라도, 민간기업과 밀접한 관계를 맺고 있는 대학이 많다. 센트루이스에 있는 워싱턴대학의 경우는 가장 유명한 하나의 예다. 과거 10년에 걸쳐서 워싱턴대학은 생물학 연구에 화학회사인 몽상트사로부터 총액 1억 달러 상당의 지원을 받아 왔다. 이 회사 측 대표자와 대학 측이 구성한 위원회는 대학의 연구자로부터 제안된 연구 프로젝트를 선택하고, 몽상트사는 자기 회사가 지원한 연구로 생긴 연구 성과 중에서 특허출원의 가치가 있는 것에 대해서 제1선매권을 갖는다. 그러나 실제로는 몽상트사가 공동 연구·개발로 선정한 테마는 두 개뿐이며, 워싱턴대학에 실시한 투자가 그만큼 가치가 있는지 어떤지는 의문이다. 원래 몽상트사는 연구 테마를 한정하고 있지 않지만, 지금은 지원 대상 분야를 한정하고, 워싱턴대학에 대한 지원금을 연 500만 달러 삭감했다.

이처럼 대학과 민간기업의 연결은 미묘한 문제를 안고 있다. 노스캐롤라이나대학은 제약회사인 그락소사의 지원으로 많은 연구를 시행하고 있다. 그러나 이 대학의 학장이 그락소사의 주식을 가지고 있었으며, 또 회사의 로비스트가 대학 기구인 이사회의 이사장으로 선임되었다는 이 지방의 신문 기사 때문에 문제가 생겼다. 그래서 많은 대학에서는 상급 관리직의 지위에 있는 사람은 그 대학에 연구 자금을 원조하고 있는 기업의 주식을 갖지 못하도록 유도하고 있다.

보스턴대학 의학부 교수인 머피(J. R. Murphy)는 유전공학 기업인 세라젠사에 약 6,800만 달러 상당의 거액을 투자하여 말썽이 생겼다. 이 회사의 자본금 54%에 달하는 이 투자액은 보스턴대학의 기본 재산의 약 19%

에 해당한다. 보스턴대학의 학장인 실버(J. R. Silver)는 세라젠사에 대한 투자는 일상적인 경영 지출의 일부로서, 그 판단은 틀리지 않았다. "우리는 아무 보잘 것도 없는 의학 연구에 매년 7,000만 달러의 연구비를 투자하고 있다."라고 언급했다.

대학과 민간기업의 협력이 사회에 환원되는 은혜는 헤아릴 수 없다. 예를 들면 사람의 인슐린, 인터페론, B형간염 바이러스, 백신의 개발은 많든 적든 모두 대학의 연구 성과에 그 기초를 두고 있다. 총체적으로 유전공학 기업은 약 30종류의 새로운 의약품을 시장에 내놓았다. 그것들은 인류에 대한 은혜일 뿐 아니라, 그것을 개발한 과학자에 대한 보수이며, 때로는 그 개발에 출자한 투자가에 대한 배당이기도 하다. 농업 관계 유전공학은 개발이 늦었지만, 그래도 몽상트사의 소의 성장 호르몬이나 칼징사의 바이오토마토 등은 이미 시장에 나와 있다.

결과적으로 대학과 기업의 공동 연구가 진전됨에 따라서 대학 캠퍼스에 두 이질 문화 사이에서 충돌이 생겼다. 기업으로부터 지원을 받고 있는 연구자는 받고 있지 않는 연구자에 비해서 설비비나 인건비에 사용하는 돈이 많아지는 경향이 있다. 이것은 질투나 오해를 불러일으킬 소지가 많다. 대학교수와 민간기업과 관련한 구체적인 통계는 현재 거의 나와 있지 않다. 그러나 1980년대 이후부터 양자가 밀착되어 가고 있다는 것만은 분명하다. 하버드대학이 1985년에 40개교의 연구 지향형 대학에 근무하는 800명의 유전공학 관련 교수를 대상으로 조사한 바에 의하면, 47%가 기업의 컨설턴트를 맡고 있다. 또 8%의 교원이 개인적으로 이해관계가 있는 기업의 주식을 가지고 있다. 기업으로부터 연구의 지원을 받고 있는 연구자의 30%는 연구 결과가 상업적으로 응용 가능한지의 여부가 연구 테마를 선정할 때 영향을 준다고 대답하고 있다. 이에 대해서 기업으로부터 지원을 받지 않는 연구자로서 같은 대답을 한 것은 겨우 7%에 불과하다. 그러므로 후자의 경우가 순수하게 지적 흥미를 바탕으로 연구를 진행하고 있는 셈이다.

1987년에 미국 교육부의 짐블러(L. J. Zimbler)의 조사에 따르면, 의학 관계의 강의를 하고 있는 대학교수는 기업에 컨설턴트를 하거나 공동 연구를 함으로써 연간 평균 8만 8천 달러 이상의 수입을 얻고 있다고 판명했다. 단지 조사 대상의 인원이 적어서 이것을 곧바로 일반화할 수는 없지만 하나의 근거가 된다고 할 수 있다.

현재 이 조사가 실시된 1980년대에 비해서 유전공학 기업의 수는 훨씬 증가하고 있으므로 이러한 기업과 관계가 있는 연구자의 수가 증가하고 있다고 볼 수 있다. 기업과의 관계는 그 절대수가 증가할 뿐만 아니라 그 형식도 다양화하고 있다. 많은 기업은 대학의 연구자에게 보수로 주식을 양도한다. 노스캐롤라이나대학은 대기업 10개사를 포함한 40~50개 사로부터 지원을 받아 연구를 진전시키고 있다.

기초 연구의 위기
이러한 사태가 더욱 진행될 때, 과연 과학자는 기초 연구와 응용 연구를 동시에 할 수 있을까라는 문제에 직면한다. 현재 유전자공학 분야의 대학에 대한 기술 이전의 압력이 드세지고 있으므로 실용적 결과를 내놓도록 과학자들에게 많은 압력을 가하고 있다. 장차 결정해야 할 중요한 점은, 어느 정도까지 강제적으로 기술 이전이나 실용화 연구를 시행할 것인가라는 점이다. 이에 대한 의견은 각각이다. 그러나 모두 염려하고 있다는 점은 공통적이다.

실용화 연구가 강조되고 있는 것은 어느 의미에서 건전하다고 생각할 수 있다. 그러나 만일 대학이 연구자를 새로이 고용할 경우, 그 사람이 어느 정도 연구 자금을 학교 밖으로부터 끌어올 수 있을 것인가를 기준으로 삼는다면, 이 입장에 모두 반대할 것이다. 만일 그러한 일이 있다면 이는 매우 불행한 사태로서 대학의 학문 전통을 근본부터 변화시킬 것이다. 그러나 정부가 적극적으로 연구비를 지원한다면 이러한 일은 결코 없을 것이다.

돈 문제 이외에 기밀 유지도 문제가 된다. 대학이라는 곳은 원래 기밀 유지 따위는 관계없이 과학자가 서로 아이디어를 자유로이 토론할 수 있는 장소이다. 이와는 대조적으로 기업의 경우에는 어느 발명에 대한 특허가 인정될 때까지 그것을 입 밖으로 내지 않는 것이 필연적으로 요구된다. 대학에서 기초 연구의 공개성은 당연한 일이지만 이를 기업에서도 유지하기란 매우 어려운 문제다.

한편 대학은 민간기업이 대학의 기초 연구에 미치는 영향에 관해서 염려하고 있다. 현재로서는 전통적인 생각들이 변하고 있다. 지금 유전공학의 발전은 눈부시다. 그것은 미국의 경제 발전에 기여하고 대학의 학문 진전에도 유익하다. 유전공학에 의한 이익은 그것이 수반하는 불이익보다도 웃돌고 있다고 주장하는 사람도 있다.

이처럼 대학과 기업의 관계에 대한 여러 가지 문제가 여론화되자, NIH는 1989년대에 NIH로부터 연구 지원을 받고 있는 연구자는 연구에 대한 금전적인 이해관계를 가져서는 안 된다는 규칙을 거론했다. 그러나 이것은 큰 소동을 빚었고 무려 751통의 항의 편지를 받았다. 결국 이 법안을 철회하고 말았다. 폐안이 된 규칙에는 연구 지원을 받고 있는 연구자와 그의 가족, 공동 사업자는 그 수입의 출처를 정부에 보고하고 공개해야 한다는 내용이 포함되어 있었다.

NIH는 이를 대신해서 새로운 규칙의 원안을 1994년 6월에 발표했다. 이 새로운 규칙에 따르면 NIH로부터 지원을 받고 있는 연구자는 그 연구로 '직접적이고 중대한' 영향이 있는 '중요한 금전적 이해관계'를 NIH에 보고해야 한다는 것이다. '중요한 금전적 이해관계'란 5,000달러 이상의 주식이나 보수, 한 기업체의 전 자본의 5% 이상의 주식이 포함되어 있다.

새로운 규칙은 연구와 관계되는 이해관계가 문제가 되었을 경우, 연구자가 소속하는 각 연구 기관이 넓은 재량권을 갖도록 규정되어 있다. 예를 들면, 필요하다면 각 연구 기관장은 연구 방향이 개인적인 이익 때문에 방향을 바꾸었는지 어떤지 연구 내용을 조사하거나 문제가 될 주식을 포기하도록 연구자에게 요구할 수 있다. 미국과학재단으로부터 연구 지원을 받은 과학자에 대해서도 이와 유사한 규칙이 같은 시기에 발표되었다. 식품의약품국(FDA)도 곧 이와 같은 규칙을 발표했다.

이번 제안은 대체적으로 호평을 받았다. 물론 이에 대한 비판의 소리도 적지 않았다. 왜냐하면 이 규칙의 어려운 점은 어느 기업과 사적인 이해관계가 연구 프로젝트에 실제로 영향을 미치고 있는가를 대학 측이 어디까지 엄밀하게 판정해야 하는지 명시되어 있지 않기 때문이다.

이러한 규칙들이 만들어진 배후에는 여러 부정 사건이 있었기 때문이다. 그 한 가지 예로서 1980년대 중엽, 하버드대학의 안과, 이비인후과 진료소에서 매우 확실한 부정 사건이 일어났다. 보도에 의하면 그 병원의 연구원인 첸(S. C. G. Tseng)이 스펙트라사의 안구 건조 치료용 연고 치료시험을 하고 있던 중, 그 연고가 효과가 없다는 사실을 알아낸 직후에 보유하고 있던 그 회사의 주식을 팔아 버림으로써 주가가 하락하기 전에 많은 이익을 얻었다.

장래의 문제는 경제 발전에 기여하도록 하는 정부의 압력을 전통적인 학문 가치에 대한 신념과 어떻게 조화시켜야 할지, 또 시민의 눈으로 본 대학의 공정성과 높은 윤리적 기준을 어떻게 유지할 것인가이다. 과학자는 새로운 발견을 해야 하는 의무를 가지며 동시에 사회를 위해서 그 발견을 유익하게 해야 할 의무가 있다. 과학자는 기계나 기술이나 특허라는 형태로 지식을 사회에 환원할 수도 있지만, 기업을 설립한다는 형태로 그 지식을 환원할 수도 있다. 사회는 과학에 돈을 투자함으로 과학은 사회에 지식을 환원할 의무를 안고 있다. 이 의무를 과학자가 인식하기 시작한 것은 얼마 되지 않았다.

누구나 연구실에서 발명한 약이나 획기적인 발견이 실용화되고 시장에 나타날 날을 학수고대하고 있다. 그러나 과학 현장을 가까이에서 보고 있는 사람 중에는 상업화라는 큰 흐름 속에서 곧바로 이익과 연결되지 않는 기초 연구가 어려움에 직면하지 않을까 염려하는 사람도 있다. 그러므로 과학자들의 기초 연구에 충분한 시간과 연구비를 할애하여 기초 연구의 위기를 장차 배제해야 할 것이다.

4. 유전자 조작의 위험성과 그 대책

DNA 정보의 해독과 유전자 조작

지금 돌이켜 생각해 보면, 1970년대 초기는 분자생물학 발전에서 매우 중요한 시기였다. 1953년 왓슨(J. D. Waston)과 크릭(F. H. C. Crick)이 핵산(DNA)의 이중나선의 구조를 발견한 이래, DNA의 유전 정보 해독이 서서히 진전되기 시작했다. 유전 정보는 티민, 시토신, 구아닌, 아데닌이라는 4개의 염기가 3조씩 어떻게 배열되는가에 따라서 정해진다. 이렇게 배열되었을 때 실제로 어떤 형질이 제어되는지 하나하나 특정짓는 것은 매우 어렵다.

지금 '인간유전자 해독 프로젝트'(Human Genome Project, HGP)가 국제적 규모로 정력적으로 진전되고 있다. 이것은 인간 DNA의 유전 정보를 가능한 한 완전히 해독해 내겠다는 계획이다. 셈할 수 없는 방대한 자금과 초고속 컴퓨터의 사용으로 장차 이 계획이 어느 정도 실현될지 매우 궁금하다.

물론 대장균의 경우처럼 비교적 간단한 DNA, 아니면 바이러스처럼 해독하기 쉬운 것에 관해서는 부분적으로 DNA 염기의 특정한 배열이 어떤 단백질의 합성을 지시하는지 점차 판명되어 가고 있다. 이렇게 되면 당연히 다음 단계를 생각하지 않으면 안 된다. DNA의 특정 염기의 배열을 전체의 사슬 속에서 절단해 버리거나, 아니면 그 반대로 그것을 사슬의 어느 특정한 장소에 집어넣거나 하는 조작이 가능한 단계에 이를 전망이 보였다. 이러한 유전자 조작 기술의 개발은 분자생물학에서 매우 자연스럽게 진행되어 가고 있다.

DNA가 본래 가지고 있던 배열이 어떤 이유로 잘못되었을 경우(유전자 결손)나 아니면 여분의 배열이 들어가 있는 경우(유전자 과잉)에 '유전병'이 나타난다. 그중에는 레슈나이한병이라는 최종적으로는 자살로까지 발전하는 비참할 정도로 치명적인 발작 형태를 가진 것도 있다. 그러나 가령 과잉의 배열을 제거할 수 있거나 아니면 결손 장소를 보충할 수 있다면, 속수무책이던 유전병에 대한 '치료' 가능성을 탄생시킬 수 있다.

그뿐만이 아니다. 예를 들어 인슐린은 당뇨병 환자에게는 생명의 열쇠라고 말할 수 있는 물질이지만, 생체 내에서는 분자량이 매우 큰 물질을 합성할 수 없다. 따라서 지금까지는 돼지나 소가 만들어 낸 것을 정제하는 방법을 취하고 있는데, 다량으로 만들 수 없는 데다가 사람의 인슐린과 다르므로 때로는 알레르기 반응을 일으키는 결함이 있다. 만일 사람의 DNA 사슬에서 사람의 인슐린을 만들어 내는 배열을 알아낸다면 그 부분만을 떼어 내어, 예를 들면 대장균의 DNA 사슬 속에 조합시킨다면 대장균은 스스로의 영양계나 대사계를 이용하여 사람의 인슐린을 서서히 생성해 낼 것이다. 이 경우에 대장균은 인슐린을 만들어 내는 공장이 될 것이다. 덧붙여 말한다면 사실상 지금 이런 방법으로 사람의 인슐린을 생산하고 있다.

또한 만일 어떤 발암성 바이러스의 DNA 위의 발암성에 관한 배열을 알아낸다면 발암 기구의 해명에 커다란 도움을 줄 것이다. 바이러스는 스스로 영양계나 대사계를 지니고 있지 않다. 하지만 그것이 세포 안으로 들어가면 숙주 세포를 대행한다. 따라서 발암성 바이러스가 세포 안에 들어가 어떻게 행동하는지 세부까지 밝힐 수 있다. 그러므로 발암의 기구도 거의 해명할 수 있을 것이다.

1970년대에 들어와 미국은 주로 전자 조작 영역에서 커다란 발전을 이룩했다. 그 일련의 무대에 등장한 사람이 하버드대학의 보이어, 버그, 코헨 등 여러 생화학자들이다. 최초의 연구는 1972년 보이어 연구 그룹의 한 사람인 요시모리가 대장균으로부터 새로운 제한효소를 얻어내는 데서부터 시작되었다. 제한효소란 외부로부터 들어온 다른 생물체가 내부에서 생육할 수 없도록 외래 생물체의 유전자를 파괴하기 위해서 준비한 무기의 일종이다. 그리고 그것은 특정 염기의 배열 장소만을 노리고 그 부분을 잘라 버리는 기능을 가지고 있는데, 이미 몇 가지의 제한효소가 발견되었다. 한편 DNA 사슬의 어느 부분을 잘라내는 '가위'의 역할이 기대되지만, 그것을 연결시켜 주는 '풀'과 같은 기능을 기대할 수 없기 때문에 소기의 목적은 여간해서 이룩되지 않았다. 그러나 요시모리가 발견한 제한효소 EcoR1이 '풀'의 역할도 동시에 한다는 사실을 버그 그룹 중한 사람이 발견했다.

이러한 결과가 같은 해 11월 하와이에서 개최된 회의에서 보고되었

다. 그 회의에 출석한 코헨이 플라스미드를 사용한 대장균 실험에 EcoR1
을 이용할 수 있다는 가능성을 열어 놓았다. 그는 플라스미드를 절단한
DNA와 결합시켜 재조합 DNA를 만들고, 이 재조합 DNA를 대장균의
DNA 사슬 속에 집어넣는 기본적인 기술을 개척했다.

유전자 조작의 위험성

이보다 먼저 버그는 발암성이 있는 바이러스의 하나인 SV40이라는
자료를 사용하여 실험을 계속했다. 그런데 SV40을 사용하여 DNA를 절
단하고, 또 그것을 대장균 속에 집어넣는 실험에 위험이 동반할 수 있다
고 느낀 사람이 많았다. 예를 들면 의학자인 로버트 포럭은 의학적인 소
양이 없는 생화학자가 발암성 바이러스와 대장균을 마음대로 실험 재료
로서 취급할 경우에 커다란 위험이 뒤따른다고 말했다. 더욱이 이와 같은
위험에 대해서는 이미 이전부터 몇몇 의사들이 경고했다. 대장균은 인간
이 가장 접하기 쉬운 세균이므로 조작이 가해진 유전인자의 일부가 어떤
기회에 우연히 인간에게 들어왔을 때 어떤 결과가 일어날지 모르므로 커
다란 위험이 예상된다.

더 근원적인 위험에 관해서 모든 사람이 무관심한 것은 결코 아니다.
이미 60년대 말기에 이 분야의 일부 연구자 중에는 자신들의 연구 성과가
세균 무기로서 군사 목적에 이용되어서는 안 된다고 판단한 끝에 이런 종
류의 연구를 금지할 것을 호소했다. 그리고 적은 수이기는 하지만 현장에

서 완전히 물러난 연구자도 있었다. 이것은 핵물리학 연구가 핵무기의 개발에 연계되었던 과거의 교훈으로부터 생긴 반응의 하나라고 생각할 수 있다.

그러나 포럭의 위험에 대한 경고는 더욱 구체적이었다. 적어도 의학자인 그의 눈에는 발암성 바이러스를 취급하는 실험은 충분히 위험한 것으로 보였다. 그는 버그에게 그의 실험을 중지하도록 반복해서 설득했다. 처음에는 거절했던 버그도 포럭의 열성적인 설득에 마음이 흔들려 결국 그 실험을 일시 정지할 것을 결심했다.

아시로마 국제회의

제한효소를 가지고 DNA의 사슬을 자유로이 절단하고 연결하는 기본 기술은 일단 확립되었다. 그러나 의학자뿐만 아니라 버그 등 이 분야 연구자들도 자신들이 개발한 기술을 그대로 방치하고 전개하는 것에 불안을 느끼기 시작했다. 버그 자신도 그중 한 사람이었다. 그는 전미 과학 아카데미에서 이 문제를 논의할 기관의 설립을 제안하고, 동시에 몇 사람의 동료에게 이에 가세할 것을 호소했다. 그들은 위원회를 조직하고 토론한 결과를 잡지 『과학』에 연맹 이름으로 투고하여 연구의 당위성을 주장했다.

그들의 주장은 조작한 DNA의 조각을 대장균에 넣어 증식시키는 실험은 예측불허한 성질을 지닌 새로운 병원미생물을 만들어 낼 가능성이 있다는 것이다. 대장균은 보통 인간의 장 안에 서식하고 다른 갖가지 세균과 유전 정보를 교환하는 것도 적지 않으므로, 이러한 잠재적인 위험을 방지하기 위해서 다음과 같이 제안했다.

"유전자 조작이 안고 있는 위험에 관해서 충분한 평가를 확립하고, 또 위험 방지의 적절한 수단이 개발될 때까지 세계 과학자들은 다음 두 종류의 실험을 자발적으로 동결할 것"과 "이 문제를 다시 광범하게 논의하기 위하여 이 분야의 세계적인 연구자를 한자리에 모아 국제회의를 개최한다."라는 제안이었다. 서명자는 버그 외에 코헨, 왓슨, 볼티모어 등 11명이었다. 결국 1975년에 이 호소는 국제회의장이 있는 캘리포니아의 아시로마라는 마을에서 개최되어 결실을 맺었다.

이 회의에는 세계 28개국으로부터 150명 남짓한 전문가가 초청되었다. 회의는 처음부터 웅성거렸다. 당위성에 찬성하여 회의 개최에 찬동했던 왓슨이 오히려 반대했다. 위험보다도 생명을 구하는 연구의 자유가 오히려 더욱 방해받을 것이고, 결과적으로 라이벌 연구팀의 연구 진척을 지연시키기 위한 일부 연구자의 음모라는 비난도 나왔다. 이 분야의 선구자 중 한 사람인 영국의 시드니 브레너가 새로운 제안을 하지 않았다면 회의는 결렬되었을지도 모른다.

브레너의 제안은 심사숙고 끝에 준비된 것이었다. 그것은 자신들이 전문적으로 연구하고 있는 생물학 수법만을 사용하자는 제안이었다. 예를 들면, 실험 대상인 대장균에 특수하게 돌연변이를 일으킨 그것은 특정한 인공적 배지에서만 생존할 수 있도록 하자는 제안이었다. 이렇게 하면

DNA 조작이 실시된 대장균이 실험에서 흘러나와 보통 사람의 몸 안에 우연히 들어온다고 해도, 생육 조건이 달라서 생존 가능성이 없게 되므로 염려할 정도의 위험을 피할 수 있다는 것이다. 이 '생물학적 봉쇄' 방법은 이 분야 연구자에게 긍정적인 것으로 받아들여졌다.

게다가 만일 사고가 일어났을 때의 배상금 액수를 이 회의에 참가했던 매우 비전문가인 소수의 변호사들이 추산해 본 것도 회의에 참가한 사람들에게 커다란 영향을 주었다. 결국 이 회의에서 몇 가지 사실이 확정되고, 그것을 기초로 각국 대표는 국가마다 가이드 라인을 만들기 위한 취지문을 채택할 것을 요청했다.

미국에서는 NIH가 중심이 되어 국내의 준수 사항을 만들어 전 세계의 모델로 제시했다. 이 모델에는 실험 재료의 안전화 이외에도 많은 준수 사항이 추가되었다. '물리적 봉쇄'라는 대책이다. 예를 들면, 실험 설비 그 자체의 방호 기구에 단계를 설정하고, 위험이 많은 대상을 취급하거나 실험을 할 경우에 그 위험도에 따라서 방호 설비를 엄중하게 한다는 것이다. 위험도에는 P1에서 P4에 이르는 단계가 있다. P4는 가장 위험하다고 생각되는 실험 재료를 취급하는 경우에 요구되는 단계이다.

평가위원회의 설립

또 하나 중요한 제도는 기관 부속의 평가위원회(Institutional Review Board, IRB)이다. 이 IRB는 조작된 DNA의 문제만으로 시작된 것은 아니다.

이것은 닉슨 대통령 시대에 출범한 연구 규제에 관한 법제도 개혁의 하나로서 70년대부터 몇몇 영역에서 그 제정이 시도된 것인데, DNA 조작 분야에 있어서 가장 의도적으로 활용되었다고 말할 수 있다.

IRB는 연구자가 소속된 연구 기관에 설치하는 기구로서, 연구자는 연구를 시작하기에 앞서 우선 IRB에 연구 계획서를 제출한다. IRB는 그 계획을 심사하고 문제가 없다고 판단했을 때 연구 수행의 인가를 허락한다. 이 인가 후에 비로소 연구자는 연구에 착수할 수 있고, 연구자가 학술 잡지에 논문을 투고하는 데 있어서도 IRB의 인가를 얻었다는 사실을 밝혀야 한다. 저널의 편집부는 인가증이 없는 논문은 게재를 거부해도 무방하도록(특히 심사관에 보내 내용의 심사를 의뢰하는 수속을 생략하고 그대로 저자에게 반송해도 좋다) 되어 있다.

그러나 문제는 IRB를 조직하여 그 기관에서 시행하는 모든 연구 활동을 심사하는 것만이 아니다. 가장 중요한 것은 IRB위원의 구성 문제이다. 그것은 IRB의 위원 중에는 반드시 일정 비율 이상 동업자가 아닌 사람들이 포함되어 있어야 한다는 규약이 들어 있다. 예를 들면, 분자생물학 연구 기관이 있을 때 그 기관의 IRB위원 안에는 분자생물학자 이외에 물리학자나 철학자나 성직자 등이 포함되어야 할 것을 요구하고 있다.

그러나 근대와 현대의 과학 연구에서 모든 심사는 기본적으로 동료 평가의 원칙으로 관철되어 왔다. 그런데 전문화가 진행되면 진행될수록 연구의 내용을 이해하는 능력을 지닌 사람들이 한정되는 경향이 있다. 그러므로 결국 해당되는 좁은 전문 영역에 관해서는 그 전문가만 판단을 내릴 수 있다. 따라서 위와 같은 제한규정(Guide Line)이 제정되었다고 해서 상황이 바뀐 것은 아니다. 그럼에도 불구하고 이 '동료 평가'의 원칙을 배제하고 해당되는 전문 분야 이외의 사람들의 판단을 받아들일 것을 명시하고 있다.

여기서 과학자 공동체가 형성된 이래 처음으로 새로운 움직임이 나타난 데 주목해야 한다. 지금까지 연구자는 과학자 공동체 안에 있는 동료의 평가만을 목표로 논문을 쓰고 연구 활동을 해왔다. 예를 들면, 작가나 작곡가는 작품으로서 자신의 활동 성과를 발표한다. 그 경우에 자신의 동료인 작가나 음악가들에 인정받고 평가받는 일은 결코 적지 않지만, 본질적으로는 일반적이고 광범한 독자나 감상자를 예상하고, 그러한 사람들에게 인정받고 평가받는 일도 있다. 그러나 과학은 예외적으로 그 활동과 성과에 대한 인정이나 평가가 동업자만으로 한정되어 왔다. 이와 같은 과학 연구자의 폐쇄적인 자세는 가끔 일반 사람들로부터 이상한 생각을 갖도록 유도되었다. 이와 같은 일반 사람들의 생각 때문에 IRB 제도는 연구자가 자신의 연구 내용을 동업자가 아닌 다른 영역, 아니면 일반 사람들에게 설명하고 충분히 납득시켜야 한다고 요구하고 있다. 이와 같은 제도가 연구 활동에 도입되는 것은 어느 정도 '새로운' 생각으로서 '놀랄 만한' 사태일지도 모른다.

5. 원자력 발전에 대한 전문적 비판의 조직화

원자력 발전의 위험성과 원자로 안전감시위원회

오늘날 과학 기술이 우리 생활에 결정적인 영향력을 미치고 있는 이상, 그것이 건전하고 안전하도록 이를 검색하고, 비판하는 일이 요구되고 있다는 사실은 말할 필요가 없다. 특히 1970년대부터 1980년대에 걸쳐서 많은 과학 기술 분야에서 사람들의 생명을 위협하거나 실제로 일어난 대형 사고 때문에 비판의 중요성이 새롭게 부각되었다. 그중에서도 1979년에 미국 펜실베이니아의 드리마일섬과 1986년 우크라이나 공화국의 체르노빌 두 원자력 발전소의 사고는 누가 보아도 그 문제성이 심각한 거대한 방사능 누출 사고였다.

비판에도 여러 가지 차원이 있다. 그러나 여기서 전문적 비판이라고 말하는 것은 사상적 또는 정치적 차원에서 비판이라기보다는 전문기술적 차원의 비판적 검토를 의미한다. 예를 들면, 1970년대에 원자력 발전의 안전성에 관한 미국의 '우려하는 과학자 동맹'(UCS)의 과학자들이 실시한 것과 같은 작업이다. 그리고 독립적인 비판이라고 한 이유는 과학 기술을 유지하고 추진하는 각 이해 집단에서 벗어난 사람들에 의한 비판이 중요하다는 사실을 강조할 필요가 있기 때문이다.

오늘날 과학 기술을 추진하려는 쪽에서는 연구, 개발, 건설, 운전, 행정 등 각 부서를 담당한 사람들이 일체가 되어 일반적으로 거대한 이해 집단을 형성하고 있다. 정부, 산업, 학계를 연결하는 이 이해 집단은 원자력, 우주 등의 분야에서 그 힘이 거대하고 강력하며, 이해 정도도 매우 크다. 그런데 이해가 크면 클수록 밖으로부터의 비판에 대해서 폐쇄적이고, 내부의 비판(者)을 옭아매려고 한다. 원자력 개발의 역사는 사실상 그와 같은 역사라 말해도 좋다. 그 때문에 매우 독선적인 시스템이 구축되었다.

드리마일섬 원자력 발전 사고 후에 카터 대통령의 지시로 조직된 대통령위원회는 그 보고서(Report of the President's Commission on the Accident at Three Mile Island, Oct, 1979) 중에서, "과학자나 기술자가 몇십 년 동안 원자력 장치의 안전성을 마음에 두었는데도 불구하고, 우리는 안전성에 대한 염려가 크게 결여되어 있다는 사실을 인정한다."라고 기술하고, 기존 시스템에서는 "사고는 결국에 불가피하다."라고 생각한 나머지 다음과 같은 권고를 했다.

"TMI와 같은 심각한 원자력 발전 사고를 방지하기 위해서 조직, 규칙, 관행, 그리고 그중에서도 국립연구회의(NRC) 태도가 전형적이라고 한다면, 원자력 산업의 태도에 대해 근본적인 변화가 필요하다." 이 '근본적인 변화' 속에는 원자력 안전 감시상의 조직 개혁이 포함되어 있으며, 특히 종래 일원적인 NRC에 의한 안전 규제 외에, 이것과는 독립된 검색 기술의 필요성이 포함되어 있다. 그리고 이 '원자로 안전감시위원회'는 대통령이 임명한 각 분야의 전문가, 주지사, 일반 시민 등으로 구성되며, 대통령

직속의 독립된 시스템을 갖추도록 되어 있다. 요컨대 종래의 원자력 기관으로부터의 독립성이 강조된 것이다.

이 사람들은 기존 기관(특히 NRC)의 안전성 검토나 평가를 믿지 않고 있다. 당초 NRC는 원자력위원회(AEC)로부터 안전 규제를 독립화하려는 시도에서 생긴 것인데, 드리마일섬 원자력 발전 사고에 즈음해서 NRC와 독립된 대통령위원회가 조직되고, 거기에 주부를 포함한 기존 조직 이외의 사람들이 임명되었다. 하지만 기존의 이해로부터의 독립을 위한 고충이 엿보였다.

그러나 정부 조직이라는 테두리 안에서 이러한 독립성의 보장이라는 시도가 얼마나 성공했는가. 앞에서 말한 원자로 안전 감시위원회는 분명히 대통령이 조직한 획기적인 안전감시 시스템으로서 발족했지만 그 후 뚜렷한 활약 없이 끝났다. 더욱 분명히 말한다면 의미 있는 기능을 거의 하지 못했다.

그 이유는 전문성과 독립성의 양립이 곤란했기 때문이다. 대통령위원회에 관해서도 이미 많은 지적이 있었듯이, 위원회는 전문적 자료를 오로지 NRC와 같은 정부 기관이나 기업체에 의존했고, 위원회 소속의 전문위원도 거의 원자력 추진에 이해관계를 가진 사람들이었다. 또한 독립성을 위해서 이 위원회는 비전문적 멤버, 특히 시민 대표와 같은 사람들과 관련되어 있지만, 이 사람들은 전문적으로는 거의 힘이 없으므로 전문가가 제출한 자료나 기술적 결론을 신용할 수밖에 없었다. 드리마일섬 원자력 발전소 사고에 관한 대통령위원회의 특별 보고도 이러한 사정이 반영되어 '전문적으로 원자력에는 통달하고, 철학적으로 엄한' 성격을 지닌 것이 되어 버렸다. 안전감시위원회가 제대로 기능을 하지 못한 것은 독립성을 지녔음에도 불구하고 전문적 능력이 없었기 때문이다.

사고의 경과에 대해서 생각해 보아도, 드리마일섬의 사고는 극소구경의 파열에 의한 냉각제 누출 때문에 발생한 것으로 반성할 교훈이 많았지만, 미국이나 세계 어디에서도 이 사고로부터 충분한 교훈을 얻었다고 결코 말할 수 없다. 드리마일섬의 사고를 잊기도 전에 결정적인 파국이라고도 말할 수 있는 사고가 우크라이나의 체르노빌에서 일어났다. 그것은 기술적인 측면에서 보아 본질적인 위험이 있다는 사실을 새삼스럽게 인식시킨 사고였다. 동시에 비판적 기능이 봉쇄된 사회에서 기술 시스템이 얼마만큼 큰 파탄을 몰고 올 수 있는지를 확실하게 보여주는 전형적인 사례라 할 수 있다. 이에 비추어 보아도 독립된 비판적 작업의 확립은 긴급한 과제이지만, 아직 충분히 수립되어 있지 않다.

독립 연구 기관의 출현

이미 시사한 바와 같이, 오늘날 우리들이 실제로 직면하고 있는 어려운 핵심적 문제는 전문가적 역량과 비판적 지성의 양립이란 점에 있다. 본래 전문가적 역량과 비판적 지성은 수레의 두 바퀴와 같은 것으로서 양립하는 것도 당연한 일이다. 그러나 현실은 크게 다르다. 특히 실험과학이나 공학기술 분야에서는 전문성의 이면인 실험 장치나 기술 정보가 조직의 내부를 점유하고 있기 때문에, 자유스러운 비판을 가능하게 하는 독립성을 유지하기란 매우 곤란하다.

이러한 현실 상황에서 비판적 전문성은 이해 집단 밖에서 매우 의도적이고 계획적인 꾸준한 노력으로만 보장된다. 이것이 비판의 조직화이다. 그것은 개인적인 차원을 넘어선 노력과 전문적 비판 작업을 하기 위한 집단적인 작업장이 반드시 필요하다. 그 구체적인 내용으로는 전문적, 비판적 작업을 담당하는 사람들의 조직화, 젊은이의 양성, 설비 자료의 확보 등이 포함된 작업장의 보장과 유지, 주민 운동과의 연계, 사회적 발언력의 확보 등 넓고 다양한 일들이 포함되어 있다. 즉 비판적 전문 집단 하나하나는 결코 커다란 조직이 아닐지라도 비판 작업의 조직화라는 것 자체는 뛰어난 사회적 측면을 지닌 행위이다.

또 한 가지 짚고 넘어가야 할 것은, 실제 면에서 이러한 모든 일에 재정상의 문제가 크게 관여하고 있다는 점이다. 공식 기관에 기생적으로 의존하는 싱크탱크와 전혀 다른 차원에서 자유스러운 비판 작업을 하는 것이야말로 우리가 문제 삼고 있는 독립성의 본질이므로 재정 문제는 '조직화'를 위한 핵심적인 문제이다.

이상 말한 바와 같이, 독립된 전문적 비판의 조직화라는 문제의식은 1970년대 전반에 원자력 발전 반대 운동이 본격적으로 시작할 때부터 구체적으로 나타나기 시작했다. 문제의식으로서는 늦지 않았지만 구체화라는 점에서는 늦은 셈이다. 독일에서는 시민운동에 의한 독립된 연구 기관의 설립이라는 형태로 나타났다. 1970년대 후반부터 1980년대에 걸쳐서 나타난 이 움직임은 시민운동으로 독일 전체로 확산되었다. 이것은 현대 과학 기술 사회에 고유한 한 가지 사회 현상이라 말할 수 있고 이것만으로도 과학사회학에서 취급할 가치가 있다.

독일에서 독립 기관의 설립이라는 점에 한정하지 않고, 환경이나 과학 기술의 문제에 관련하여 문화 대항 운동이 질적으로 비약한 것은, 1970년 중엽부터 시작한 빌 원자력발전소 건설 반대 운동을 통해서였다. 거대한 자본의 힘과 관료 기구, 그리고 전문적 연구 기관의 권위를 앞세워 원자력 발전소 건설을 강행하려는 쪽과 이를 저지하려는 라인 호반의 포도 재배자들의 강력한 싸움이 현실로 나타났다. 이 싸움은 1960년대 후반에 과학이나 기술이 지식인들에 의해서 다분히 추상적으로 문제시되었던 것이 일시에 구체적인 모습으로 바뀐 결과였다. 이 상황에 민감하게 반응한 쪽의 중심은 1960년대 후반 운동에 참가한 사람들이었다.

빌 원자력발전소 계획은 바덴전력회사가 130만 kW 원자력 발전소 2기(가압수형)를 빌에 건설하려 한 것으로, 1973년에 건설 예정지로서 빌이 결정됨으로써 그 해부터 반대 운동이 시작됐다. 그 후 1974~1976년에 이 운동은 점차 열기를 띠기 시작했다. 정치 권력을 배경으로 한 전력회사 측의 공세도 만만치 않았지만 반대 운동 쪽은 이를 잘 견디어 왔다. 빌 원자력발전소 반대 투쟁 자체는 1977년 3월의 프라이부르크 행정재판소의 판결로 원고인 주민이 승소하여 제1단계가 끝났다(그 후 역전되었지만). 그 무렵 다른 원자력 발전소의 반대 운동도 활성화됨으로써, 이제는 단지 원자력 발전소의 건설을 반대한다는 개별적인 차원을 넘어선 문제의식이 발생했다. 더욱이 생태계 사상의 확대, 풍차 만들기 등 대안 기술 운동, '대중 대학'의 시도 등이 있었고, 따라서 이러한 저항 문화적인 시도로부터 정치적인 결과로 나타난 '녹색 리스'나 '알타나디휘의 리스'에 의한 선거 참여-그 후의 '녹색당'에 이르는-라는 일련의 사회적 상황 속에서 독립 연구 기관의 운동이 시작되었다.

생태연구소

이 운동을 시작한 단체는 프라이부르크의 생태연구소(öko-Institut)이다. 생태연구소는 빌 원자력발전소 소송의 주민 쪽 변호 활동을 주로 맡았던 변호사 레빗트를 중심으로, G. 알더나나 로베르트 융 등 저명한 사람들이 합세하면서 1977년에 설립되어 1978년부터 활동을 개시했다. 그 설립 취지문에는 "원자력 발전 반대 운동에서 주민 쪽의 입장에 선 과학자, 변호사, 기술자 등 전문가 협력의 필요성이 점차 증가해 가고 있다. 그러나 단지 전문가의 자발적인 협력에 기대하는 방법으로는 정부나 기업 쪽으로부터 여러 방해가 있으므로 상황에 대처하는 데 너무 늦다. 또 전문가 쪽도 경제적, 정치적으로 고립되어 있으므로 뜻이 있어도 충분한 협력이 이루어지지 않고, 뜻을 같이 하는 전문가 사이에도 충분한 정보 교환이나 의견이 맞지 않고 있다. 이러한 상황을 고려하여 전문가들이 주민 쪽의 주체성을 따르도록 방향을 제시하고 활동의 광장을 보장하기 위해서 이 센터의 설립을 현실화한다."라고 기술하고 있다.

그 활동 내용으로는 1) 환경과 소비자의 보호에 관련한 학문적인 공동 작업의 조직화, 2) 이러한 분야에 대한 과학적 자료 작성, 검토, 발행 등 주민 운동에 대한 정보의 제공, 3) 국가나 기업 연구 기관으로부터 불이익을 받는 과학자에 대한 원조와 보증, 4) 독자적 측정기의 경비 조달과 작은 실험실의 설립, 5) 홍보 활동 등이 거론되었다.

이 활동 내용은 전문적 비판의 조직화에 매우 정확하게 접근하고 있다. 설립 당초에는 시민운동이나 그와 관련된 단체 등에 재정적으로 지원하는 전 국가(당시 독일)적 센터, 그리고 국제적인 센터의 기능을 담당할 것도 고려하고 있었다. 현실적으로 프라이부르크의 생태연구소는 위의 활동 내용 중 1)~3)을 주로 담당하는 연구 기관으로 어디까지나 프라이부르크시에서 출발했다. 그리고 그것은 결과적으로 현명했다. 왜냐하면 생태연구소가 전국적으로 중심이 되지 않음으로써 각지에서 점차 독자적 연구 그룹을 조직하는 시도가 생기고, 현재 많은 그룹이 경합하는 형태가 되어 서로 자극을 주고받고 있기 때문이다.

그런데 이러한 독립 연구 기관의 수가 어느 정도인가에 대한 자료를 찾기란 매우 어렵다. 그것은 연구 분야도 원자력 문제나 화학 공해 문제부터 유기 농업이나 경제 문제 등에 걸쳐 있고, 그 그룹 전체가 공동으로 조직된 연합체 같은 것이 존재하고 있지 않기 때문이다. 다름슈타트 생태연구소의 M. 사일러는 약 50개 정도라 하고, 하노버의 그루페에콜로지의 H. 힐슈는 52개라 하고 있으므로 대개 그 수에 접근한다고 볼 수 있다. 단지 이 수는 세법상 비영리 공익 단체로서 등록되고 인가되어 있는 '협회'(Eingetragener Verein)이므로 임의적인 소그룹은 포함되어 있지 않다.

다름슈타트의 생태연구소도 여러 연구소 중 한 개에 불과하다. 그러나 가장 선구적인 존재로 저명한 문화인을 포함한 지원층을 가진 생태연구소가 지금도 가장 규모가 크다. 그러므로 이 연구소가 지금도 독일에서는 권위 있는 연구 기관으로서 존재하고 있다. 지금은 다름슈타트뿐만 아니라 프라이부르크에도 연구소가 있다. 프라이부르크에서는 주로 에너지 문제와 유전공학 문제를 취급하고, 다름슈타트에서는 원자력 문제와 화학 문제(환경 오염이나 폐기물 문제)를 취급하고 있다.

다름슈타트의 생태연구소는 이미 이야기한 바와 같이, 원자력 부문과 화학 부문을 담당하고 있으며, 요원은 12명 중 10명이 연구자이다. 양 부분의 스태프는 고정적이 아니고 연구 프로젝트에 따라서 같은 연구자가 양 부분에 관여할 때도 있다. 또 대학의 연구자와 공동 연구를 하거나 대학생 등이 참가하고 있으므로 실제로 활동하고 있는 사람의 수는 이보다 많다.

이러한 연구 기관은 어느 정도의 규모로, 어느 정도의 경제 기반으로 성립되어 있는가. 우리가 생각하고 있는 것보다 훨씬 대규모로 활약하고 있다. 스태프들은 급료를 받아서 생활하고 12명에 필요한 급료를 주는 후원 단체가 있다. 급여 시스템은 연구 기관에 따라서 다르지만 다름슈타트에서는 1,200~2,500마르크 정도로 경험, 연령에 따라 다소 차이가 있다(기업체에 근무할 경우 이 액수의 두 배의 급료를 받는다). 그러나 젊은 사람들 사이에는 이러한 연구 기관에서 근무하고자 하는 희망자가 많다. 이공계의 대학이나 대학원에서 배운 사람, 일정한 연구 경력을 지닌 연구자들이 이처럼 적은 보수인데도 이를 달게 받아들이고 있다.

원자력 분야의 연구 내용을 보면, 원자로의 공학적 위험성에 관한 검토와 핵연료 사이클 관계의 일이 중심으로 되어 있다. 그 예로서, 1) 경수로의 위험성 연구, 2) 재처리 시설의 안전 문제, 3) ALKEM 핵연료 회사의 문제에 관한 견해, 4) UNKEM 핵연료 회사에 관한 견해 등이다. 이외에도 크고 작은 잡다한 작업이 있지만 이것만으로도 상당히 정력적인 작업이다.

특히 1)의 경우는 정부(연구·기술자)의 위탁에 의해서 실행되는 위탁 연구로서, 원자력 그룹의 전 멤버가 거의 2년에 가까운 시일을 소요한 작업이다. 그 연구 보고는 3권(2천 쪽)에 이르는 양으로 내용은 이 연구에 앞서 시행한 독일 정부의 원자로 위험성에 대한 비판이다. 정부 보고서가 원자력 발전소의 '멜트다운'이라는 대형 사고의 확률이 무시할 정도로 적다라는 내용에 대해서 문제점을 지적하고, 대형 사고 확률이 높다는 사실을 지적하고 있다. 이 업적은 보고가 나올 당시부터 독일에서 높이 평가받았고 체르노빌 사건으로 더욱 각광을 받았다.

2)의 경우, '녹색당'의 위탁으로 실시된 것으로 재처리 공장의 위험성을 연구하는 작업이다. 이것도 상당한 전문성과 작업량을 요하는 작업이었다. 단지 이 연구는 생태연구소의 단독 작업이 아니고 뒤에서 말할 하노버의 '그루페에콜로지'와의 공동 연구였다.

3)과 4)는 앞의 두 경우처럼, 위탁 연구 보고의 형태가 아니므로 보고서의 분량이 각각 50쪽 정도이지만 독일 내에서 약간의 화제를 일으킨 보

고서이다. 보고의 내용은 UNKEM, ALKEM 연료 회사에서 저질렀던 플루토늄의 부정한 사용으로 일어났던 커다란 정치적, 사회적 문제에 관한 것이었다. 이 부정한 사용을 고발하고 이 문제를 해석한 곳이 생태연구소이다. 이 공장이 있는 헤센주(연구소가 있는 다름슈타트도 포함되어 있다)에서도 문제를 중시하여 특별조사위원회를 구성하고, 최종적으로는 회사 측의 책임자를 주정부가 보고한 사태로 진전되었다. 생태연구소는 이 문제에 대해서 일관하여 고발했는데 주정부의 조사에도 협력했다. 위의 3)과 4)도 어느 정도 주정부나 주의회에 대한 보고서의 성격을 띠고 있다.

위에서 본 바와 같이 이 연구소의 작업의 주요 부분은 정부, 주, 지방자치단체, 그리고 정당에 의한 위탁 연구였다. 물론 위에서 기술하지 않았지만 시민의 요청으로 일상적인 계몽 활동이나 주민 운동의 위탁에 의한 작업도 있었는데, 특히 생태연구소의 현재 주요한 과제의 하나는 박스카도르프 재처리 공장의 운전 정지에 관한 주민 소송에 대한 참가이다.

생태연구소의 M. 사일러나 B. 핏셔에 의하면 그들의 연구비, 급여 등 경비는 주로 이들 위탁 연구비에서 조달하고, 기타 지지하는 회원들의 회비에 의존하고 있다. 위탁비와 회비에 의존하는 것은 어느 연구소나 같지만 생태연구소는 압도적으로 전자의 비중이 크다. 싱크탱크로서 각 부처의 외곽 단체는 각 부처의 하청식 조사 활동으로 운영되는 실정이므로, 위에서 말한 비판성과 독립성을 선명하게 지닌 연구 기관과는 분명히 비교할 수 없다.

짚고 넘어가야 할 점은, 정부를 포함한 공적인 기관이나 정당이 적지 않은 위탁비를 투입하여 이러한 기관에 비판 작업을 의뢰한 사실이다. 물론 일반적으로 정부 기관이나 기업 쪽에 서 있는 연구도 있다. 이것은 적어도 비판을 보증한다는 사회적 요청이 있음으로써 물론 가능했다. 이러한 의미에서 비판적 연구 기관의 존재는 여론이나 시민운동으로 넓은 지지를 받고 있다.

그루페에콜로지연구소

'그루페'(Gruppe)라고 부르고 있지만 이것도 소규모의 연구소로서 '생태 연구와 교육을 위한 연구소'라고 스스로 자리매김하고 있다. 급여를 받고 있는 스태프 6명과 이밖에 협력하는 학생이 있다. 연구 분야는 원자력 발전 문제와 농업 문제로 후자는 유기농업을 연구, 장려하고 있는 것으로 생화학과 연결되어 있다.

이 그루페에콜로지(Gruppe Ökologie)는 앞에 말한 생태연구소에 비해서 규모뿐만 아니라 여러 면에서 다소 다른 점이 있다. 예를 들면, 이곳의 급료는 완전히 평등하고 한 사람당 한 달에 1,200마르크, 이에 가족 한 사람당 약 30마르크 정도의 수당을 준다.

연구 내용을 보면 1) 보고, 2) 재처리 시설의 안전 문제, 3) 원자로의 위험성에 대한 국제적 연구, 4) 원자력 발전 등이다. 이 중 1)은 2권(900쪽)으로 된 책 형식의 보고이지만, 이것만을 특히 위탁한 연구는 아니다. 이 연구는 말부르크의 NG-350이라는 그룹과 공동으로 이룩한 것으로, 2)의 작업을 합쳐서 매우 철저하게 재처리의 위험성을 해명한 작업으로 높이 평가받고 있다.

3)은 체르노빌 원자력발전소 사고 후 국제적인 환경 단체 '그린피스'의 위탁으로 실행한 원자로의 위험성에 관한 국제적 연구이다. 이 전체 연구를 조직적으로 처리한 단체가 그루페에콜로지였다. 이 연구는 체르노빌 원자력발전소의 사고에 대해서 '러시아(구소련) 원자로형의 고유의 사고'라든가, '러시아 등에서의 인위적 실수'라고 판단하여, 세계 각국의 모든 원자로에 잠재하고 있는 위험성을 전문적으로 검토하고 지적함으로써 세계적인 주목을 끌었다.

4)는 니더삭센주의회 녹색당의 위탁으로 체르노빌 원자력발전소의 사고 이후에 나타난 문제와 슈터니 원자력발전소의 안전성에 관한 검토였다. 최근 2~3년 사이의 이 연구소의 작업으로 재처리된 핵연료 수송의 위험성을 취급한 연구가 시행되었다. 이것은 바이에른주 박카스도르프에 재처리 공장을 건설하려는 계획에 즈음해서, 마침 핵연료 수송 경로에 있는 뉴르베르크시가 그 문제점을 알기 위해서 위탁한 것이다.

이처럼 그루페에콜로지는 매우 활발한 작업을 하고 있는 그룹으로 위탁 연구도 적지 않다. 지도자 격인 H. 힐쉬에 의하면 그루페에콜로지에서는 위탁 연구비에 의한 수입, 지지 회원으로부터의 회비, 그리고 소책자의 판매 대금 등으로 위탁비와 위탁비 이외의 수입이 거의 비슷하다. 그 때문에 앞에 말한 생태연구소보다도 운동 그룹이라는 색깔이 강하다. 또 힐쉬를 지도자라고 했지만 그루페에콜로지에서는 급료도 같고, 전원이 모두 대등한 작업자로서 전체회의에서 의사를 결정하며 지도자라든가 대표자가 없다고 한다. 따라서 이 연구소에서는 연구하는 방법이라든가, 시민운동과의 관계에서도 새로운 방향을 추구하고 있는 자세가 엿보인다.

시민성과 전문성

원자력 부문에서는 이 이외에 하이델베르크의 에너지와 환경을 위한 연구소(IFEU) 등 몇몇 단체가 활발한 활동을 전개하고 있지만, 앞서 말한 두 기관이 대표적인 독립 기관이라 할 수 있다. 그리고 그러한 과제에 대한 연구의 질이나 양도 가장 높은 수준에 있기 때문에, 공적인 기관은 이제 그들의 작업을 무시할 수 없게 된 점이 큰 성과라 할 수 있다. 예를 들면, 1986년 9월의 한 신문은 독일의 두 연구소가 경제성의 위탁을 받고 조사 보고를 정리했다고 발표했다. 조사 결과는 "원자력 발전으로부터 철수하는 것이 가능"하다는 것으로, "정부의 방침과는 반대의 조사 결과에 충격을 받았다."라고 보도했다. 그리고 보고를 정리한 두 연구소 중 하나는 '프라이부르크의 에콜로지연구소'라고 보도했다. 이렇게 정부로부터 신임을 받은 연구소가 의외의 결과를 내놓았다.

이러한 예에서 볼 수 있듯이, 현재 독일은 산업계나 공적 기관의 이해를 짊어진 연구 보고 등이 발표될 경우, 이를 비판할 수 있는 힘을 지닌 독립 연구 그룹의 비판이 보장되어 있고, 이 양자의 주장을 듣고 판단하는 한 가지 관습적인 제도가 생겼다. 비판 작업을 하는 곳은 정부의 위탁 연구소지만 자치 단체나 의회, 정당이나 주민이 의뢰하는 등 그 형태가 갖가지이다. 그러므로 비판 작업을 보장하는 것은 당연한 것으로 받아들이고 있는 것이 지금의 사회 현황이다.

독립된 비판적 작업의 전개는 그러한 사회적 기반 위에서만 가능한가. 그것은 단순히 생태연구소나 그루페에콜로지의 연구자들의 노력만으로 이룩된 것은 아니다. 이는 생태연구소를 중심으로 비판적 연구 주체의 확립을 위한 선구적 노력과 보다 넓은 사회적 기반 위에서의 시민이나 주민 운동이 상승적으로 작용하고 있기 때문이다. 이것이 오늘날의 현실이다. 한편 오늘날 독일의 시민운동 쪽으로부터 독립 연구소에 대한 비판도 뒤따르고 있다.

어쨌든 충분한 독립성을 유지한 이들 기관이 이후에도 재정적으로 안정하게 존속하면서 활동을 계속할 것은 틀림없다. 하지만 시민성과 전문성이라는 두 가지 요소 사이에는 항상 긴장 관계가 지속될 것이다.

6. 미국 과학의 성장과 거대과학의 탄생

유럽으로부터 지식인의 유입

제1차 세계대전으로 1920년대 유럽은 학문과 예술 등 모든 분야에서 획기적인 변화가 일어났다. 그 변화의 배후에서 특히 파시즘의 그림자가 점차 유럽 사회를 뒤덮기 시작했다. 일찍이 1922년 무솔리니는 로마 진군으로 독재 권력을 장악했고, 30년대에 들어와 독일 나치가 급속히 대두하여 1931년에는 제1당이 되고, 33년에는 히틀러가 수상으로 취임했다.

이러한 환경 속에서 좌익적 혹은 자유주의적인 사상을 지닌 사람들이나 유대인들이 피해와 탄압을 받은 것은 잘 알려진 사실이다. 강제 수용소에서 학살당한 유대인은 몇백만에 이르렀고, 추방된 사람도 부지기수였다. 또한 망명하여 화를 피하는 사람들도 많았다. 1930년대 초기부터 40년대 초기까지 약 10년 사이에 유럽으로부터 대서양을 건너 미국에 온 망명 지식인-지식인의 정의는 곤란하지만-은 약 2만 명에 이르렀다. 이처럼 많은 망명 지식인은 언어와 문화의 차이가 있었지만, 소수를 제외하면 이를 극복하고 미국 사회에 동화되었다. 이것은 망명자의 노력과 동시에 각종 후원 단체의 활동이 중요한 역할을 했기 때문이었지만, 무엇보다도 미국 사회가 풍요롭고 개방적이며 유연성이 풍부했던 것을 잊어서는 안 된다.

로라 페르미(L. Fermi)의 저서 『망명자의 현대사』(Illustrious Immigrauts)의 책 끝부분에 있는 '저명 망명자 명단'에는 약 300명의 인물이 실려 있는데, 자연과학자(수학자 포함)는 73명에 이른다. 출신 국가는 유럽 전역에 걸쳐 있는데, 파시즘이 가장 기승을 부렸던 독일어권과 이탈리아의 망명자가 많다. 또한 헝가리 출신자는 6명으로서 그 속에는 위그너(E. P. Wigner), 질라드(L. Szilard), 텔러(E. Teller) 등 저명한 원자물리학자들과 컴퓨터의 기초 이론의 구축에 기여한 수학자 폰 노이먼(von Neuman)이 포함된 것은 주목할 만하다.

전문 분야에 관해서 살펴보면 물리학자가 제1위를 점유한다. 1920년대부터 30년대에 걸쳐 원자물리학, 양자역학이 급속히 발전하면서 뛰어난 많은 사람이 물리학에 투신했다. 물리학자들은 원자 수준 및 원자핵 수준의 물질 구조의 이론적, 실험적인 해명에 참여했다. 1938년에는 독일의 한(O. Hahn)에 의해서 중성자에 의한 우라늄의 핵분열이 확인되고, 이어서 원자에너지가 인류의 손에 의해서 조정되었다. 나중에 기술하겠지만 미국은 제2차 세계대전 중 맨해튼 계획으로 원자폭탄을 개발했는데, 망명 과학자들이 이 프로젝트에 많이 참여했다. 1942년 시카고대학에서 우라늄의 연쇄 반응 실험을 성공적으로 이끈 이탈리아의 페르미는 그 대표적인 사람으로서, 이 망명 과학자들은 이 프로젝트에서 매우 중요한 역할을 했다.

생물학 분야를 살펴보면, 유럽에서 온 생물학자들은 물리학자들과의

망명 과학자의 출신국

출신국	인원
독일	25
오스트리아	11
폴란드	7
이탈리아	6
미국	6
헝가리	5
러시아(구소련)	3
스페인	2
네덜란드	2
기타	6
계	73

인간적, 학문적 교류를 통해서 생명 현상의 물리적, 화학적 해명에 관심을 가졌다. 예를 들면, 이탈리아 출신 의학자 S. 루리아와 독일 출신 물리학자 델브뤽(M. Delbrück)은 공동으로 박테리오파지 연구에 몰두했다. 이두 사람을 중심으로 '파지 그룹'이라 부르는 연구자 집단-이러한 비공식연구자 집단을 '보이지 않는 대학'이라 부른다-이 형성되고, 전후 분자생물학의 발전의 기초를 구축했다.

왓슨과 크릭에 의한 DNA 분자의 이중나선 구조의 해명이라는 획기적인 업적도 이러한 활동 속에서 탄생한 성과였다. 앞에서 말한 칼텍은 1948년 델브뤽을 생물학 교수로 맞이하고 파지 그룹의 활동 거점을 마련했다. 또한 수학자들은 폴란드 출신자가 많았는데 이론면에서 비교적 약

망명 과학자의 전문 분야

전문 분야	인원(노벨상, NAS 회원)
물리학	25(10, 14)
수학	14(−, 8)
생물학	18(5, 12)
의학, 생리학	6(3, 3)
화학	4(2, 2)
천문학	4(−, 2)
지리, 기상	2(−, 1)
계	73(20, 42)

한 미국 과학계에 문자 그대로 두뇌가 유입되었다.

어쨌든 이들 73명의 망명 과학자의 대부분인 70명이 미국에 귀화했다. 그중 20명이 노벨상을 받았고 미국의 과학아카데미 회원은 42명에 달했다. 저명 망명자 명단에서 확인할 수 있듯이, 유럽권이 이 정도의 많은 유능한 과학자를 잃었다는 사실은 그 의미가 매우 크다. 예를 들면, 나치 독일이 원폭 제조에 이렇다 할 성과를 올리지 못한 것이나 레이더의 개발에서도 연합국에 뒤진 것 등은 모두 전쟁의 결과에 커다란 영향을 주었다. 또한 제2차 세계대전 후에 미국이 정치나 경제 분야뿐만 아니라, 학문 연구 분야에서도 세계의 중심이 된 것은 유럽으로부터의 망명 지식인들의 영향-교사로서 학생이나 젊은 연구자를 육성하는 것 등-이 간접적으로 매우 컸다.

맨해튼 계획, 최초의 거대과학

중성자가 우라늄의 핵을 분열시킨다는 뉴스는 1939년 1월 미국에서 개최된 이론물리학회의에서 덴마크 물리학자 보어의 보고로 전해졌는데, 그 뉴스는 물리학자들에게 강한 충격을 주었다. 그중에서도 질라드나 위그너는 핵분열의 발견이 원자 무기의 개발·제조로 연결될 수 있다는 사실을 일찍이 알고 있었다. 그들은 만일 나치 독일이 원자 무기를 개발한다면, 전 세계가 파시즘에 굴복할 것이라 생각했고, 따라서 무엇보다도 그것을 방지해야 한다고 생각했다. 두 사람은 1939년 8월, 미국 대통령 루스벨트에게 원자력 개발을 호소하는 편지를 준비하고, 아인슈타인이 이에 서명하도록 설득했다. 그 후 제2차 세계대전이 시작되자, 루스벨트는 아인슈타인의 의견에 동조하여 원자력 개발을 결의하고, 1939년 11월 우라늄자문위원회를 설치했다. 그러나 이 위원회는 매우 소규모였고 눈에 띌 만한 활동을 하지 않았다.

그러나 1941년에 들어서면서 원폭의 개발·제조가 적극 검토되고, 과학연구 개발국(OSRD)이 발족할 때쯤 원폭 개발이 이 기관의 과제로 맡겨졌다. 1942년에 들어서면서 원폭 개발의 중요성과 긴급성이 인식되어 그로브스(L. R. Groves) 장군의 지휘 하에 맨해튼 계획(Manhattan Project)이 수립되었고, 다른 행정 기관과는 완전히 독립적으로 비밀리에 원폭 개발을 진행했다.

맨해튼 계획은 '이 전쟁을 단시일 내에 연합국의 승리로 종결하기 위해서'라는 글자 그대로 비밀 무기의 개발 계획이었기 때문에 인재, 자금,

자재 등 모든 면에서 최우선적으로 지원을 받았다. 그러나 목표에 이르는 데는 넘어야 할 많은 장애물이 가로놓여 있었다. 그것은 원폭의 원료인 U-235와 Pu-239의 제조 문제였는데, 어려운 여러 고비를 겪은 뒤에 이 두 원료를 확보할 수 있었다. 이것은 당시 미국의 기초과학 및 기술의 수준을 잘 입증해 주고 있다. 1942년 12월 2일 페르미의 지휘로 시카고대학에 설치한 원자로(Atomic Pile)에서 핵분열 실험이 성공함으로써 핵무기 제조에 한발 다가섰다.

한편 원자폭탄 재료의 제조와 병행하여 폭탄 자체의 설계·개발을 담당한 연구소가 뉴멕시코주 로스앨러모스에 설치되고, 이론물리학자인 오펜하이머(J. R. Oppenheimer)가 소장으로 임명되었다. 이 연구소야말로 원자에너지가 무기로 이용될 수 있는지의 여부를 판가름하는 열쇠를 쥐고 있었다. 그러나 핵분열 임계점(임계량)이 큰 문제로 등장했다.

어쨌든 오크릿지 공장에서는 U-235의 농축이, 한포드 공장에서는 Pu-239의 제조가, 그리고 로스앨러모스에서는 정부와 군부의 전면적인 지원 하에 대학의 과학자(그중에는 유럽에서 망명한 많은 과학자가 포함되어 있었다), 뒤퐁, 유니언 카바이트, GE 등 대기업의 과학자와 기술자, 다수의 노동자의 협력으로 원폭의 제조가 진행되었다. 맨해튼 계획의 전 모습을 알고 있었던 것은 지도적인 입장에 있던 군인이나 과학자에 한정되어 있었고, 이 계획에 동원된 대다수의 사람들도 자신들이 하는 일이 전쟁 수행에 매우 중요하다는 사실조차 알지 못했다.

프론티어 정신으로 무장한 과학자와 기술자의 기적적인 노력으로 처음부터 극복 곤란하다고 생각했던 장애물들을 극복하고, 1945년 7월 16일-포츠담 회담 하루 전날-뉴멕시코주 아라모그드에서 최초의 원자폭탄(Pu-239)이 폭발했다. 맨해튼 계획 발족으로부터 3년이 채 되지 못한 단기간 내의 성과였다. 이처럼 맨해튼 계획은 군부·산업계·학계의 전형적인 협동 연구로서 전에 없었던 거대과학(Big Science)이었다. 투자된 비용만 해도 20억 달러를 넘었고, 절정이었던 때는 53만 명이 이 계획을 위해서 뛰었다.

그러나 원폭이 완성된 1945년 7월에는 이탈리아, 독일이 이미 항복했고, 동맹국 중 일본만이 연합국과 전쟁을 계속하고 있었다. 그러나 승패는 이미 결정되어 있었다. 그 때문에 일본에 대한 원폭의 사용 여부를 둘러싸고 이론이 제기되었고, 일부 과학자는 강한 반대 의견을 표명했지만 8월 6일과 9일에 히로시마와 나가사키에 각각 우라늄 폭탄과 플루토늄폭탄이 투하되었다.

맨해튼 계획으로 과학 기술과 사회, 그리고 정부 사이에 불가분의 관계가 맺어졌다는 사실은 전쟁이라는 이상 사태 속에서 보다 확실해졌다.

우주 개발과 NASA

히로시마와 나가사키에 원폭이 투하되자 일본이 연합국에 항복함으로써 제2차 세계대전은 끝났다. 오랜만에 평화가 찾아 왔으나 이 평화는 오래 지속되지 못하고, 세계는 미국을 중심으로 한 서방 세계와 러시아를 중심으로 한 공산 세계로 나뉘어졌으며, 동시에 대립은 해가 갈수록 심해졌다. 더욱이 1949년 러시아가 원폭 개발에 성공함으로써 미국의 핵 독점이 깨지고, 이후 미국과 러시아는 수폭의 개발 등 핵무기 개발과 군비 확장에 돌입했다.

한편 1957년 10월 4일, 러시아의 인공위성 스푸트니크 1호의 발사는 이러한 냉전 상태를 배경으로 하고 있다. 이 뉴스는 과학 기술이나 군비를 포함한 모든 분야에서 세계의 정상이라고 확신하고 있던 미국 국민에게 강한 충격을 주었다. 이것이 '스푸트니크 충격'이다. 어쨌든 러시아가 인공위성의 발사에 성공한 것은 러시아가 대륙간탄도탄(ICBM)이라는 핵무기 운반을 위한 효과적인 수단을 보유하고 있다는 사실과 첨단 기술 개발에서 미국을 능가하고 있다는 사실을 보여주었다.

스푸트니크 충격은 미국의 과학계, 교육계 등 다방면에 걸쳐 확산되고, 미국 정부도 군사 면에서 뒤쳐쳤다는 상처와 위신을 치유하고 회복하기 위해서 우주 개발에 착수했다. 드디어 국립항공우주국(National Aeronautics and Space Administration, NASA)이 설립되었다. 그리고 NASA 설립 후 1년이 채 되지 않은 1958년 8월에는 익스플로러 6호의 발사에 성공했다(NASA가 설립되기 이전부터 육, 해, 공군은 로켓 개발에 착수했고, 미국 최초의 인공위성 익스플로러 1호가 1958년 2월 육군에 의해서 발사되었다).

1960년 11월, 미국 대통령은 아이젠하워에서 젊은 케네디로 바뀌었다. 케네디는 처음부터 우주 개발에 큰 관심을 보였고, 1960년대 말까지 인류를 달에 보낸다는 장대한 아폴로 계획을 1961년 5월에 발표했다. 따라서 맨해튼 계획을 능가하는 거대과학의 시대로 돌입했다.

NASA는 아폴로 계획의 실현을 위해 구체적인 계획을 세웠다. 17세기의 천문학자 케플러가 『꿈』이라는 저서에서 달여행을 논한 이후, 인간의 꿈의 하나였던 달 여행은 SF의 대상이었다. 그러나 그것을 실현하는 것은 보통 일이 아니었다. 강력한 로켓의 개발, 우주선의 설계, 그리고 장기간의 우주여행이 인체에 미치는 영향 해명 등 해결해야 할 과제가 산적해 있었다.

NASA는 풍부한 자금과 조직력을 동원하여 이러한 어려운 문제를 하나씩 해결해 나갔다. 즉 NASA는 그 개발 계획을 시스템 공학의 차원에서 면밀하게 검토했다. 예를 들면 PERT(Program Evaluation and Review Technique)라 부르는 프로젝트 관리 시스템을 연구하고 이를 바탕으로 작업을 진행했다. 또 11개 산하의 직속 연구 센터에서 기초적인 연구를 개발하거나 위성을 발사하는 한편, 미국 각지의 대학이나 기업에 많은 연구를 위탁했다. 그리고 미국의 풍부한 인적, 지적 자원을 최대로 활용했다. 이 때문에 거액의 자금이 대학이나 산업계로 유입되고, 과학자와 기술자에 대한 수요가 늘어났다. 따라서 60년대에는 전례가 없었던 과학 기술의 붐이 일어났다.

아폴로 계획이 한창인 1964년부터 67년에 걸쳐서 NASA의 예산은 매년 50억 달러에 이르렀다. 그중 90%가 외부 연구 기관에 지불되고, 40만 명 이상의 인원이 이 계획을 위해서 뛰었다. 이러한 노력 끝에 1969년 7월 21일, 전 세계의 주시 속에서 아폴로 11호가 달 표면 착륙에 성공한 것은 아직 우리의 기억에도 생생하다. 그 후 아폴로 계획은 1972년 12월의 아폴로 17호까지 계속되었다. 계획과 발족으로부터 모두 11년, 총액 235억 달러를 소비한 하나의 거대한 프로젝트였다. 물가 상승을 고려해야 하지만 맨해튼 계획의 총비용이 20억 달러인 것을 생각하면, 아폴로 계획의 거대함은 전무후무한 일이었다.

아폴로 계획의 성공은 이를 지원하는 컴퓨터 기술과도 맞물려, 미국의 과학 기술이 세계 정상이라는 사실을 세계 사람들에게 분명히 인식시켰다. 또한 우주 개발로 다수의 인공위성이 발사되었는데, 그것은 군사적 측면뿐만 아니라 통신과 기상 관측 등 다방면에서 활용되었다. 그러나 우주 개발에 따른 기술상의 파급 효과는 당시 다액의 예산을 정당화하기 위해서 정부나 NASA 당국이 많은 선전을 했음에도 불구하고 아직 눈에 띄지 않았다. 그 때문에 미국 국민의 우주열은 아폴로 11호의 성공을 정점으로 급격히 냉각하고, NASA의 예산은 감소일로를 걷는 가운데 지금에 이르고 있다.

또한 월남전쟁의 패배나 환경 문제의 대두 등이 겹쳐서 60년대의 과학 기술 붐은 사라지고, 대신 에너지나 환경 문제가 각광을 받았다. 특히 여러 번에 걸친 석유 위기를 통해서 에너지 문제는 미국뿐 아니라 인류의 사활이 걸린 문제라는 인식이 강해졌다. 맨해튼 계획이나 아폴로 계획과 마찬가지로, 최근 과학 기술을 총동원하여 에너지 문제나 환경 문제에 대처하려는 움직임이 나타나고 있다.

거대과학의 사회학

한편 특정 분야의 양적인 확대와 비대화로 거대과학, 거대 프로젝트에 문제가 생겼다. 그 발단은 과학과 국가의 결합에 의한 과학의 제도화로 볼 수 있지만, 오늘날 과학의 거대화는 주로 특정 분야 연구에 대한 거액의 연구 투자, 연구 시설의 규모 확대와 고가화, 연구에 동원되는 많은 연구 관련자, 그리고 특정 목표를 효율적으로 달성하기 위해 모든 관련 분야를 조직화, 시스템화한다는 점에서 과거의 프로젝트와 다르다. 이러한 특징에 관해서 많은 문제가 있지만 여기서는 거대과학에 관한 사회학적 문제로 한정한다.

첫째, 거대과학은 국방, 국민 생활의 향상, 수출 경쟁, 산업에 대한 파급 효과의 증대, 과학 기술의 발전 등과 거기에다 국가의 위신, 국위 선양이라는 무형의 것이 부가된다. 미국의 아폴로 계획은 러시아와의 우주 경쟁의 소산이고, 중국의 핵무기 실험은 중국이 지닌 과학 기술 능력을 세계에 과시하는 효과가 있었다. 이처럼 과학은 국가의 이미지를 높이는 수단으로 이용되었고, 각국이 국위 선양을 하는 데 있어서 과시 수단으로 이용될 뿐 아니라, 인류의 파멸로 이어지는 일종의 파트랫치(potlatch-부를 과시하는 인디언의 한 족속)의 의미를 가졌다고 보아야 한다. 과학사회학자인 베블렌이 지적한 것처럼, 유한계급의 과시적 문화는 계급이나 집단 수준의 문제지만, 그것이 국가 수준으로 이행될 때, 과학은 과시적 능력을 발휘하는 유효한 수단일 뿐 아니라, 상대를 쓰러뜨릴 때까지 계속되는 파트랫치화하는 위험성을 안고 있다.

둘째, 거대과학의 조직화 문제이다. 아폴로 계획이 가져온 기술적, 경제적 진보는 내열재 정도로, 기존 과학 기술의 지식을 모으는 데 불과했고, 과학의 발전에 기여한 것은 그다지 크다고 말할 수 없다. 그러나 아폴로 계획이 남긴 최대의 성과는 시스템화와 조직의 관리법이다. 그것은 토목, 건축, 생산 과정 등의 합리적인 과학적 관리 수법의 개발로 이어졌다. 현대는 대규모 경제를 추구하고 있지만, 규모의 확대에서 개개의 부분이나 그것에 관한 지식, 기술의 부분적 개량으로 해결되지 않는 문제가 발생한다. 그러므로 각 부분을 쌓아 올려 전체를 모양 짓기 위해서는 부분의 상호 관계를 합리적으로 조정할 필요가 있다. 그러나 그 조정에는 오랜 시간을 필요로 하고 비용도 높아지므로 비효율적이다. 따라서 전체적으로 보다 값이 싸고, 단시간에 신속하게 소기의 목적을 달성할 필요가 있다. 미국의 미사일 계획을 가능하게 한 관리 기법은 알고 이미 있는 바와 같이, PERT를 시작으로 하는 네트워크 기법이다. 1957년 록히드사가 붓 아렌 해밀턴사의 협력을 얻어 구체화한 PERT는 1958년 폴라리스 제1회 발사에 적용되었다. 이처럼 군부가 선도적 역할을 한 프로젝트의 과학적 관리법은 IBM이나 팬 아메리카 항공사 및 더글라스 항공사, 웨스턴 일렉트릭사에 도입되었고, 적용 예가 넓어져 오늘날에는 교육, 범죄, 공해, 주택, 교통, 운수, 폐기물 처리 등 사회 문제까지 적용되고 있다.

셋째, 과학의 거대화 메커니즘에 관한 사회학적 문제이다. 거대과학의 진보를 도대체 누가, 어떤 과정을 거쳐서 결정하는가, 거액의 자금과 많은 인재를 필요로 하는 거대과학의 성과를 누가, 어떻게 평가하는가 하는 문제이다. 물론 과학 정책은 국가마다 다르다. 미국의 경우 원자력이나 로켓의 개발 등 군사상의 요청으로부터 거대과학이 급속히 추진되었다. 원자력, 우주 개발, 해양 개발 등 거대과학이 바로 그것이고, 그것들은 선진 여러 국가를 따돌리기 위한 계획이고 정책이었다. 그러므로 우리의 경우도 정부가 과학 기술에 관한 기본 계획을 수립하고, 연구 육성의 장기 계획을 구상해야만 한다.

그러나 사회에 적합한 계획은 도대체 무엇이고, 또한 그것은 어떻게 수립되며, 정치에 반영하려면 어떻게 하면 좋은가가 문제이다. 과학 기술의 행정은 우리나라의 경우 과학 기술처가 맡고 있지만, 경제부처나 문교부처 사이의 정책의 경계에 관한 불명확함이 있다. 이 기구상의 문제에

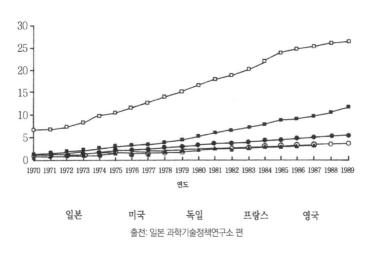

일본   미국   독일   프랑스   영국

출전: 일본 과학기술정책연구소 편

주요 국가의 연구 개발비 추이(세로축-연구 개발비, 단위는 조)

더하여 국방, 산업 정책, 복지 정책 등 관련성을 바탕으로 연구비 배분의 적정화, 입안과 실시·평가의 기술이 필요하다. 한편 과학 기술 정책 수립에 있어서 군부와 산업의 역할이 큰 반면에, 일반 시민의 소리는 이에 반영되지 않는 등 문제가 많다.

과학 기술에서 미국이 점유하는 몫

현대에 미국의 과학 기술은 어떤 위치를 점유하고 있는지를 알기 위해서 입력(연구 개발비)과 출력(연구 성과-업적) 양면에서 개관해 본다.

우선 입력에 관한 그림은 주요 5개국의 연구 개발비의 추이를 보여 주고 있다. 이 5개국이 세계 전체의 연구 개발비의 대부분을 점유하고 있는

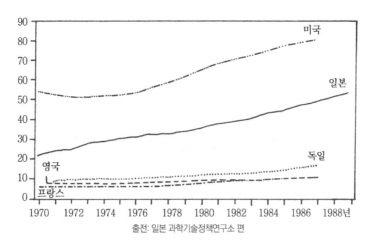

출전: 일본 과학기술정책연구소 편

주요 국가의 연구자 수의 추이

데, 그중에서도 미국이(다소 변동이 있지만) 두드러진다. 또 다른 그림은 같은 주요 5개국의 연구자 수로 당연히 연구 개발비와 같은 경향을 나타낸다. 요즘 자동차나 전기제품에 대한 무역 문제를 둘러싸고 미국 공업력의 상대적 저하가 지적되고 있기는 하나, 미국 과학 기술이 막대한 연구 투자와 풍부한 인재가 세계 과학을 이끌어 가고 있다는 것을 알 수 있다.

다음으로 미국의 연구 개발비 내역을 검토해 보면 1980년대 말기 연구 개발비는 약 250조 원에 이르고 있고, 그중 연방정부는 약 절반만을 부담하고 있다. 다음 표에서는 1980, 1985, 1990년 연방정부의 연구 개발비가 각각 어떻게 배분되어 있는가를 보여준다. 1990년 국방성은 약 400억 달러를 사용했다. 그중 많은 자금이 민간에게 흘러가고 있기 때문에 거대한 산·군·복합체의 존재를 연구 개발 면에서도 확인할 수 있다. 또 후생(의학, 의료 기구), 에너지, 우주 개발에도 여러 정관을 통해서 군사뿐 아니라, 민간기업에 거액의 연구비가 지출되고 있다. 따라서 미국 기업의 기술 축적은 재정적인 면에서 지원받고 있다는 사실을 잘 보여주고 있다. 한편 기초 연구를 맡고 있는 대학에는 1950년에 설립된 전미과학재단(National Science Foundation, NSF)을 통해서 주로 연구비가 지출되고 있다. NSF가 전체에서 점유하는 비율은 그다지 크지 않지만 약 19억 달러이다.

마지막으로 출력 면에서 미국의 과학 기술을 보면, 일반적으로 양적으로 다루는 것이 매우 어렵다. 흔히 노벨상 수상자의 수를 바탕으로 측정하고 있지만 물론 정확한 것은 아니다. 하지만 그것은 전체적으로 보아 각국의 과학 활동 지표의 하나가 된다. 다음의 표는 노벨상 중 물리학,

연방정부 부처별 연구비 부담액(100만 달러)

	합계	농무	국방	후생	에너지	NASA	NSF	기타
1980	29,830	688	13,981	3,780	4,754	3,234	882	2,511
1985	48,360	943	29,792	4,828	4,966	3,327	1,346	3,158
1990	66,084	1,045	40,242	8,376	5,282	6,870	1,881	2,388
구성비								%
1980	100.0	2.3	46.9	12.7	15.9	10.8	3.0	8.4
1985	100.0	1.9	61.6	10.0	10.3	6.9	2.8	6.5
1990	100.0	1.6	60.9	12.7	8.0	10.4	2.8	3.6

출전: NSF, Federal Funds for Research and Development 1988년, 89년, 90년 회계연도

화학, 생리의학상에서 수상자의 나라별 추이를 나타낸다. 미국 수상자의 수가 많다는 사실이 눈에 띄며, 계속해서 제2차 세계대전 후부터는 단연 1위를 달리고 있다. 한편 영국이 일관하여 다수의 수상자를 배출하고 있는 반면 제2차 세계대전 후 독일이나 프랑스가 후퇴한 점은 흥미가 있다.

자연과학, 공학, 의료 등 여러 분야에 관해서 1985년에 발표된 학술 논문 중 미국인 연구자가 어느 정도 기여하고 있는가를 표로 나타냈다. 따라서 미국의 과학자는 입력에 충분히 보답하는 출력을 하고 있다는 사실을 이 자료에서도 확인할 수 있다.

앞에서 미국 개척 정신을 말했는데, 대규모의 서부 개척 운동은 19세기로 끝났으므로 그런 의미에서의 프론티어는 소멸했지만, 좋든 나쁘든 간에 미국인의 정신 속에는 개척정신이 계속 살아남아 있다. 60년대의 우주 개발에 대한 열광도 그러한 표출일지도 모른다.

노벨상 과학 부문 수상 수(1901~1991)

국명	물리학 1901~1920	21~40	41~60	61~92	화학 1901~1920	21~40	41~60	61~92	생리의학 1901~1920	21~40	41~60	61~92	계
미국	1	5	13	36	1	2	9	23		4	20	45	159
영국	5	5	5	5	2	4	6	11	1	5	5	11	65
독일	7	4	1	7	8	8	4	7	4	4	1	5	60
프랑스	4	2		3	4	2		2	3	1		4	25
스웨덴	1	1		2	1	2	1		1		1	5	15
스위스	1			3	1	2		2	1		3	1	14
네덜란드	4	2	1	1	1	1				2			12
오스트리아		2	1			1			1	3		1	9
러시아			3	3			1		2				9
덴마크	1			2					2	1	1	1	8
이탈리아	1	1		1				1	1		1		6
벨기에								1	1	1		2	5
일본			1	2					1			1	5

주요 국가의 논문 수 백분율(주요 109개 학술지)

연도\국가	일본	미국	영국	독일	프랑스	기타
1984	6.2	54.1	6.9	7.2	4	21.6
1989	7.4	52.8	5.8	7.5	4.4	22.0
1994	8.0	48.2	6.7	9.0	5.6	22.6

자료: 과학정보연구소(SCISEARCH)

7. 노벨상의 사회학적 분석

알프레드 노벨의 집안

5개의 노벨상에 새겨진 알프레드 노벨(A. Nobel)의 정신은 도대체 어떤 것인가. 노벨은 어째서 물리학, 화학, 생리학 및 의학, 문학, 그리고 평화상 등 다섯 분야의 상을 정했는가. 노벨의 생애 속에 그 수수께끼를 풀 수 있는 이유가 숨어 있다.

초년도의 '르 프리 노벨 1901'(Les Prix Nobel en, 1901)에는 노벨의 생애와 업적에 관한 논문이 기재되어 있다. 프랑스어로 씌어진 20쪽 정도의 문장이지만, 노벨재단이 공식적으로 정리한 최초의 알프레드 노벨론인데, 노벨재단은 공식적인 전기를 독자적으로 정리하는 대신 노벨재단을 수립한 라이나르 솔만(R. Sohlman)이 쓴 상업 출판에 의한 노벨 전기만을 인정하는 방침을 정했다.

알프레드 노벨은 1833년 10월 25일, 스웨덴 스톡홀름에서 3남으로 태어났다. 그리고 그 후 4남 에밀이 탄생했다. 그의 아버지 임마누엘에 관해서는 브리태니커 백과사전에 '스웨덴의 건축기사, 기술자, 발명가. 러시아 정부를 위해서 증기 기선과 수중 폭약을 제조. 알프레드 노벨의 아버지'라고 5줄이 기술되어 있다. 임마누엘은 원래 건축기사로서 천재적인 재질이 있는 데다가 상상력이 풍부하여 점차 발명가로서의 재능을 보였다. 스톡홀름에서 재능을 발휘하지 못한 임마누엘은 주스웨덴 러시아 대사의 도움으로 1837년에 페테르부르크로 건너갔다. 그리고 러시아 정부의 의뢰로 각종 기뢰나 수중 폭약의 제작에 힘썼고, 1842년에는 공장을 소유하는 데까지 이르렀다.

1842년 가을 알프레드는 어머니와 두 형제와 함께 페테르부르크에 있는 아버지에게 갔다. 페테르부르크에서 알프레드의 생활은 우아했다. 그는 가정교사를 두었고, 화학과 외국어를 익히는 것이 일과였다. 알프레드는 러시아어를 시작으로 프랑스어, 영어, 독일어도 익혔다. 그리고 1850년부터 1952년에 걸쳐서 독일, 프랑스, 이탈리아, 그리고 미국에서도 유학했다. 그 후 알프레드는 아버지의 공장에서 화학자로서 일하기 시작했다.

그러나 이런 생활은 길게 지속되지 못했다. 크림전쟁을 계기로 러시아 정부의 후원을 잃은 임마누엘은 기뢰 등 군수품 제조를 금지당하고, 증기선의 제작 등의 시험이 잘 이루어지지 않아 1859년에 파산했다. 같은 해가을 일체의 재산을 잃은 임마누엘은 스톡홀름으로 돌아왔다.

이처럼 청년기까지 과정을 보더라도 노벨이 국제적인 사람이 될 수밖에 없었던 사실을 알 수 있다. 그의 국제적 관련은 스칸디나비아에 한정되어 있지 않고 유럽권 대륙에 걸친 코스모폴리탄적인 성격이었다. 스웨덴 사람으로 태어났지만 그가 조국에 다소나마 집착한 것은 거의 만년에 이르러서였다. 노벨상이 세계에서 최초의 국제상으로 발돋움한 것은 이처럼 노벨의 인생의 특징이 크게 관계하고 있다.

노벨의 유언

스웨덴의 스톡홀름에서는 매년 12월 10일 오후, 시공을 초월한 한 종류의 극적인 공간이 탄생한다. 현대의 최고 지성이 상을 받는다. 이 상은 국가나 정치 등을 초월한 보편적 지성의 증거로서 의미를 지니는 한편 개인은 물론 국가의 영광이기도 하다.

노벨상 수상식이 열리는 매년 12월 10일은 노벨재단의 창설자인 알프레드 노벨이 죽은 날이다. 그는 1896년 12월 10일 아침, 이탈리아의 산레모에 있는 별장에서 죽었다. 그의 나이 63세로 한 사람의 의사, 몇 명의 하인이 지켜보는 가운데서 땀을 흘리며 죽었다. 그는 자신이 이처럼 죽어갈 것이라 미리 예상한 듯했다. 직접적인 죽음의 원인은 지병인 심장병과 관계가 없는 것은 아니지만 뇌일혈이었다.

노벨은 한 통의 유서를 남겨 놓고 죽었다. 그의 유언은 죽은 뒤 1주일이 채 못되어 공개되고, 1897년 1월 2일 자 신문(Nya Dagligt Allehanda)의 기사로 일반에게 널리 알려졌다. 그러나 그 유언을 둘러싸고 대단한 분쟁이 일어났다. 유언은 4쪽으로서 노벨이 직접 작성했다. 날짜는 '1895년 11월 27일, 장소 파리'로 되어 있는데 결코 차분하게 쓰인 것은 아니었다. 주목할 것은 이 유언에 'Testament'라는 뚜렷한 제목이 붙여진 점이다.

유언은 대체적으로 세 부분으로 되어 있었다. 우선 첫 부분에서 조카를 포함한 친족이나 사용인까지 포함한 관계자에 대한 유산을 지정한 것이다. 유산을 받을 14명의 이름이 적혀 있었다. 다음 부분은 가장 핵심 부분으로 5개의 상의 창설을 지시했고, 마지막 부분은 유언 집행자의 지명,

재산 명세, 기타에 관해서 쓰여 있었다.

핵심 부분인 상의 창설을 지시한 부분에는 이렇게 쓰여 있다. "나머지 환금 가능한 내 전 유산은 아래의 방법으로 처리하지 않으면 안 된다. 나의 유언 집행자에 의해서 안전한 유가증권에 투자된 자본을 바탕으로 기금(en fond)을 설립하고, 그 이자는 매년 그전 해에 인류를 위하여 가장 큰 공헌을 한 사람들에게 상으로 분배한다."

이 문장 뒤에 5개의 상에 관한 규정이 나온다. 그리고 핵심 문장의 마지막에 "상을 주는 데 있어서 후보자의 국적은 일체 고려해서는 안 되며, 스칸디나비아 사람이건 아니건 간에 매우 훌륭한 사람이 상을 받지 않으면 안 된다는 것이 내가 특히 명시하는 바람이다."라고 쓰여 있다. 이 문장은 노벨상의 특징으로 열린 국제성을 규정한 매우 중요한 부분이다. 이 유언은 노벨이 63세의 인생을 통해서 얻은 어떤 종류의 철학을 확실하게 담고 있다. 그 내용은 그의 인생에 비춰서 생각해 볼 때 이야기해야 할 것을 담고 있다. 어쨌든 이 유언이 인류의 역사에 크게 영향을 미친 것만은 사실이다.

1888년 형인 루드빅이 죽었을 때, 프랑스의 어느 신문이 형제를 뒤바꾸어 알프레드 노벨의 사망 기사를 썼다. 거기에서 알프레드 노벨을 '죽음의 상인'이라 냉혹하게 평가한 사실을 알고서, 노벨은 다소나마 심경의 변화를 일으켰다고 한다. 불행은 겹쳐서 평생 끔찍하게 생각해 왔던 어머니 안드리에타마저 다음 해 1889년에 죽었다. 노벨은 이 무렵부터 유언을 마음속으로 준비했다. 만년에 노벨은 건강을 돌보지 않았고, 영국에서의 소송 사건의 패소, 그리고 프랑스 정부로부터의 박해 등이 겹쳐서, 1891년에는 파리를 떠나 이탈리아의 산레모로 옮겼다. 자살을 생각했다는 기록도 있다. 말하자면 인생 만년의 고독한 상태에서 쓰여진 것이 그의 유언장이다. 그러나 이 유언은 정상적인 정신 상태에서 쓰여진 것으로 거기에는 인류의 미래를 생각한 실로 아름답고 숭고한 정신이 담겨져 있다.

알프레드 노벨의 유언은 적어도 2회에 걸쳐 쓰였다. 한 통은 1893년 3월 14일 자의 것으로, 이것은 죽은 뒤 산레모의 자택 서류 속에서 발견되었다. 또 한 통은 1895년 11월 27일 자의 것으로, 이것은 스톡홀름 엔실더은행에 1896년 6월 무렵부터 맡겨져 있었다. 이 두 통의 유언 속에서 최초의 유언은 무효라는 뜻이 명기되어 있다. 따라서 법률적으로 노벨이 남긴 정식 유언은 단지 한 통, 1895년 11월 27일 자의 것이다. 그러나 노벨의 진의를 알기 위해서도 두 통의 유언의 공통 부분과 다른 부분을 비교하지 않으면 안 된다.

어느 쪽이나 공통적인 특징은, 파리 체재 중에 변호사의 힘을 빌리지 않고 자신이 쓴 작문으로 친필로 쓰여진 점, 그리고 유산을 우선 지정된 친족 관계자에 준 다음, 나머지를 지정한 학술 기관의 관리 아래 상으로 사용해도 좋다는 지시가 있다는 점이다. 그러나 다른 부분도 많다. 한 가지는 친족 관계자에 대한 유산 증여의 금액이 1893년의 유언에는 합계가 20% 정도로서 대체적으로 270만 크로네가 되는 데 반해서, 1895년의 정식 유언에는 겨우 160만 크로네이다.

또 한 가지는, 1893년 유언은 스톡홀름대학, 스톡홀름병원, 칼로링스카연구소 등 세 기관에 각각 유산의 5%, 그리고 오스트리아 평화연맹에 1%를 주고, 나머지 금액을 왕립 과학아카데미에 기금을 설치하여, 그 이익금으로 매년 '생리학 혹은 의학을 제외한 지식의 진보라는 측면에서 매우 중요하고 독창적인 발견 또는 지적 업적에 대해서' 상을 준다는 내용으로 되어 있다. 그러나 1895년 유언에는 스톡홀름의 세 기관과 오스트리아 평화연맹에 대한 유산 지정이 없어지고, 그 대신 잔여 유산은 각각 5개의 상을 위한 기금으로 한다는 내용으로 바뀌었다.

노벨이 최종적으로 친척에 대한 유산 증여를 경시하고, 5개의 상을 위한 기금이라는 구상을 중요시한 배경은 성격적으로 내성적이고 스웨덴에서의 생활이 짧았으며, 일부 사람을 제외하고 친척과의 교제를 중요시하지 않았다는 데 있다. 그리고 무엇보다도 그에게는 처자가 없었다. 노벨은 평생 독신으로 지낸 사람이다. 결혼하지 않고 자식도 없는 채로 죽었기 때문에 그의 유산 분배에서도 혈연과 먼 인류애적이고 이상주의적인 경향이 있다. 노벨상은 이처럼 '혈연'과의 단절에서 탄생했다는 사실이 그 배후에 있다.

노벨의 재산과 그 정리

노벨의 재산은 8개국에 흩어져 있었다. 그 총액은 대개 3,323만 크로네이다. 노벨은 일생 동안에 350개의 특허를 따냈다. 최초의 특허는 1857년 8월, 24세 때의 일인데 이것은 계기의 개량이었다. 노벨이 폭약 제조로 처음 특허를 따낸 것은 1863년 10월 14일의 일이었다. 이것은 흑색화약과 니트로글리세린을 섞은 혼합 화약에 대한 특허였는데, 다음 해인 1864년 5월 5일에는 획기적인 '노벨 이그나이트'로 특허를 따냈다.

노벨이 '다이너마이트'로 최초의 특허를 따낸 것은 1867년 5월 7일이었다. 먼저 영국에서 특허를 얻은 뒤, 같은 해 9월 19일에 스웨덴에서도 특허를 따냈다. 이 단계에서는 규조토에 액체 상태의 니트로글리세린을 흡수시킨 규조토 다이너마이트였지만, 충분한 폭발력을 미처 얻지 못했기 때문에 다시 연구를 거듭하여 1875년에는 폭발성 젤라틴의 원리를 발견하고, 그와 함께 화약 '바리스타이트'를 생각해 냈다. 1887년부터 다음 해 1888년에 걸쳐서 노벨은 이 무연화약으로 몇 가지 특허를 더 획득했다.

다이너마이트의 출현이 세계에 미친 영향은 측정할 수 없을 만큼 크다. 다이너마이트의 발명이 없었다면, 예를 들어 파나마 운하의 개통이 어떻게 되었을지 궁금하다. 다이너마이트가 세계의 건설업과 산업에 미친 영향과 그 위대한 공적은 아무리 높이 평가해도 지나치지 않다. 한편 당시는 유럽 열강이 군비 확장에 열중했던 시대이기도 했다. 다이너마이트로부터 바리스타이트에 걸친 폭약의 발명, 그리고 기폭 기술의 개발 등 노벨의 일련의 발명이나 기술 개발은 군사 기술로도 활용되었다. 그러므로 그의 연구는 군사 목적을 의식한 혁신적인 기술로도 볼 수 있다.

이처럼 노벨은 일련의 발명과 특허로 막대한 재산을 만들었다. 20개국에 걸쳐 약 80개사의 다국적 기업을 탄생시켰다. 그리고 1896년에 죽었을 때, 앞에서 말한 금액 상당의 유산을 각지에 남겼다. 이와 관련하여 생전에 노벨이 쌓은 계보를 이은 기업은 지금까지 유럽 각지에서 뛰어난 경영을 계속하고 있다(예를 들면, 영국의 Imperial Chemical Industries, 프랑스의 Societe Centrale de Dynamite, 독일의 Dynamite Nobel A.G., 스웨덴의 Nobel Industrier AB 등)

노벨상의 제정과 그 장애물

1895년 11월 27일 자로 유언이 공개되었을 때 큰 문제가 생겼다. 노벨의 친척이 받은 액수가 적었기 때문에 유언의 무효를 요구하는 소송이 일어났다. 노벨이 죽은 뒤에 유언을 둘러싸고 발생한 문제는 세 가지였다. 1) 유언의 법적 형식의 타당성과 법적 효력을 둘러싼 검인의 문제, 2) 8개국에 분산된 유산을 '안정한 유가증권'으로 전환하고 스웨덴에 모으는 일, 3) 재산을 관리하고 상을 주는 새로운 기관의 창설이었다.

위 세 과제가 모두 유언으로 지명된 두 사람의 유언 집행자에 의해서 처리되었다. 두 사람은 라이나르 솔만과 루돌프 리에구이스(R. Lijeguest)였다. 두 사람 모두 만년에 노벨과 일을 같이 한 충실한 친구였다. 리에구이스는 노벨과 친한 사이는 아니었지만, 노벨은 이 사람의 국제 감각을 높이 평가하고 인격을 신뢰했다. 두 사람 중 솔만의 헌신적이고 초인적인 활동이 없었더라면 노벨의 유언 문제는 본의와 다르게 처리되었을 것이고, 노벨상 성립에 위험을 초래했을지도 모른다. 결과적으로 솔만은 노벨 재단의 역사에 자신의 이름을 남겼다. 솔만은 1929년부터 1946년까지 노벨재단 전무이사로 근무했다. 솔만은 1948년에 죽었는데 그가 쓴 노벨 전기는 권위 있는 1차 사료이다.

첫째, 유언의 법적 효력의 문제는 노벨이 법률 전문가의 도움을 받지 않고 혼자서 작성했기 때문에 내용에 몇 가지 흠이 있는 데서 생겼다. 특히 사망 시점에서 노벨의 주소가 중대한 쟁점이 되었다. 솔만은 사망한 곳이 이탈리아의 산레모도 아니고, 또 노벨이 오랫동안 거주한 프랑스의 파리도 아니며, 스웨덴에 주소를 가지고 있었다는 사실을 알아냈다. 또 하나의 심각한 문제는 유산을 받을 유산자들에게 줄 기금이 아직 현실적으로 존재하고 있지 않았다는 점이다.

이처럼 유언의 불완전함에 대한 비판은 친척으로부터 나온 것만이 아니다. 스웨덴 각 신문에서도 가해졌다. 신문 비판의 배경으로는 첫째, 국제상을 설정한 사실에 대해 애국심의 결여라는 편협한 견해가 있었다. 이처럼 국수주의자로부터의 공격뿐만 아니라, 진보 세력으로부터 사회복지 문제에 대해서 아무런 언급이 없었다는 계급론적 비판도 있었다. 이러한 논설은 유언의 타당성을 의심하는 친척의 용기를 북돋아 주었을 뿐 아니라, 유언으로서 상을 담당하도록 지명된 2, 3의 학술 기관을 술렁이게 만드는 계기가 되었다.

두 사람의 유언 집행자가 왕립 과학아카데미를 시작으로 수상 예정 기관에 유언의 취지를 전하고, 수상의 업무를 인수받도록 정식으로 의뢰한 것은 1897년 3월 24일이었다. 그러나 반응은 좋지 않았다. 특히 물리학상과 화학상을 위임받은 왕립 과학아카데미의 반응은 냉담했다. 그 까닭은 그와 같은 국제적인 상을 설치함으로써 오히려 스웨덴 학계와 국제학회의 화합을 손상시키거나 잃는 쪽이 크다는 소리가 강했기 때문이었다. 또 그런 정도의 금액을 국제상에만 이용하는 것은 도리가 아니며, 돈의 사용에는 아카데미가 자유 재량권을 가져야 한다는 소리도 나왔다.

문학상을 위임받은 스웨덴아카데미의 의혹은 유언 안에 들어 있는 '스톡홀름의 아카데미(Akademien i Stockholm)'라는 표현이 결과적으로 스웨덴아카데미를 지칭한 것인가에 관해서였다. 당시 스웨덴아카데미는 왕실과 밀착해 있었고, 결과적으로 그러한 여분의 업무를 국왕이 인정할지 미지의 상황이었다.

한편 국왕 오스칼 II세는 평화상이 노르웨이 국회에 위임되는 것에 대해서 매우 의외라는 생각을 하고 있었다. 같은 국가 연합으로서 노르웨이는 스웨덴과 협조하는 입장이었는데, 이 무렵 노르웨이의 외교는 스웨덴으로부터의 자립을 요구하는 방향으로 기울어져 있었다. 국왕으로서는 노르웨이의 자립성을 꺾으려 했기 때문에 동의할 수 없었다. 국왕은 노벨의 유언이 법률적인 문제를 일으키고 있다는 사실도 알고 있었고, 노벨의 유언 전체를 정당하게 평가하고 있지 않았다. "꿈, 그리고 아름다운 꿈"이라는 것이 국왕이 유언을 평가할 때 사용한 표현이다.

솔만은 노벨의 유산이 소재되어 있는 몇 나라에 여행을 거듭하고, 유언 집행을 감행하는 데 분주했다. 그리고 노벨의 친척과도 치밀한 교섭을 거듭하고, 하나하나 굳어진 상황을 풀어나갔다. 1898년 초기가 되어서 다소 희망이 보였다. 같은 해 5월 11일에 왕립 과학아카데미는 노벨의 유언의 취지를 이해하고, 새로운 상의 운영에 협력할 것을 선언했다. 유족과의 화해도 최종적으로 1898년 6월 5일에 성립했다. 노르웨이의 국회와의 교섭도 같은 해 7월 4일에는 완전히 타결되었다.

1900년 6월 29일 자 칙령으로, '노벨재단 규약'이 정해지고 정식으로 노벨재단이 창설되었다. 노벨이 남긴 유산의 90%에 해당하는 3,158,722.28크로네가 재단의 기금이 되었다. 노벨재단은 그 기금의 유일한 합법적인 소유자가 되었다. 같은 해 9월 25일, 최초의 노벨재단 이사회가 개최되었다. 그리고 1901년 12월 10일, 노벨 5주기를 기리며 기념하는 사이에 노벨상 제1회 수상식이 화려하게 진행되었다.

5개 분야의 노벨상 설정의 배경

노벨은 어째서 5분야에 걸쳐 그 상을 구상했는가. 물리학과 화학은 노벨 자신의 전문 분야이므로 곧 납득할 수 있는 영역이다. 그는 자기 자신의 연구를 자랑스럽게 생각하고 있었다. 또 생리학 혹은 의학이라는 분야에 관해서는 노벨이 카로링스카연구소의 J. E. 요한슨의 감화를 받았기 때문이라는 통설이 있다. 노벨은 생전에 어머니 이름으로 된 '안드리에타 노벨 기금'으로 5만 크로네를 카로링스카연구소에 기부한 일이 있었다. 사실상 '생리학 혹은 의학의 영역'이라는 표현도 요한슨의 조언에 바탕하고 있다. 다이너마이트나 화약의 발명에 이르는 여러 가지 실험으로 많은 인명 피해를 자아낸 경험이나, 만년에 몇 가지 질병으로 고생한 자신의 체험에 비추어, 노벨이 의학의 중요성을 크게 의식했을 것이라고 생각해도 이상할 것이 없다.

문학상을 설치한 이유도 노벨의 취미에 비추어 볼 때 납득이 간다. 그는 청년기부터 문학을 취미로 삼았다. 그의 서재는 비요른손, 입센, 리이, 안데르센 등 주로 북구 문학가의 작품으로 가득 차 있었다. 그러나 노벨은 단순한 독서 애호가만은 아니고 스스로 시나 소설을 썼다. 최초의 작품으로 생각되는 것은 18세 때 파리에서 쓴 장문의 시이다. 이 무렵 노벨은 쉐리 등 영국 시인의 영향을 강하게 받았다. 1862년에는 소설 '자매들'의 집필을 시작했으나 완성되지 않았다. 만년에는 극본 『네메시스』를 쓰기 시작했고, 이것은 훌륭하게 완성되어 그가 죽은 후 파리에서 출판되었다. 요컨대 노벨에게 문학은 자기 확인 또는 자기의 내면과의 대화를 위한 수단이었다.

마지막으로 평화상을 만든 배경도 거의 확실하다. 노벨의 평화에 대한 관심은 인생 초기에 쉐리의 시를 가까이했고 그의 영향을 받은 데서부터 시작한다. 그리고 오스트리아의 평화 운동가 베르타 폰 수트너(B. von Suttner)와의 오래고도 친밀한 교제가 노벨에게 평화 문제를 이론적으로 생각하게 하는 기회가 됐다는 것은 잘 알려진 사실이다.

수트너와의 인간관계는 노벨이 낸 신문광고로 그녀가 비서로 채용된 뒤부터였다. 1876년의 일이다. 그녀는 7살 연하의 상류사회의 청년 작가와 사랑에 빠졌으나 가문이나 연령 문제 등 주위의 반대 때문에 파리로 오게 되었고 곧 노벨의 비서가 되었다. 그러나 결국 그녀는 오스트리아에 돌아가 1876년 6월 12일에 그 작가와 결혼했다. 노벨은 다소 실망하고 낙담했다. 그러나 그 후 편지 왕래가 있었고 그들의 교제는 죽을 때까지 지속되었다.

1890년 무렵, 유럽에서 국제적 평화 운동의 기운이 되살아났을 때, 수트너는 그 지도자의 한 사람이 되었고 오스트리아 평화연맹을 창설했다. 수트너의 평론 「무기를 버리고」(Die Waffen Nieder)를 읽고 노벨이 감격한 것도 1890년의 일이었다. 그녀가 평화 활동을 위한 자금 원조의 요구로 노벨과의 연락도 그 후 종래보다 잦았다. 수트너와의 편지 속에서 노벨은 꽤 명석하게 자신의 평화관을 기술했다. 그가 만년에 평화 문제를 진실하게 생각했던 것을 엿볼 수 있다. 노벨이 마지막으로 평화상을 창설할 뜻을 보인 것은 1893년 1월 무렵이었다.

군수산업과 관련된 노벨에게 평화의 문제는 시종 그의 잠재의식 속에 남아 있었다. 때때로 그는 자신이 만든 강렬한 폭약이야말로 평화의 조건이라는 식의 일종의 억지 이론을 생각했다. 반면에 국제연맹으로 연결되는 국가 간 연합의 구상도 싹트고 있었다. 어쨌든 노벨의 개인적 사상을 상세히 분석해 보면 노벨상 중에서 평화상이 각별하게 중요한 위치를 차지하고 있다.

물리학상과 화학상의 결정

노벨 물리학상과 노벨 화학상을 수여하는 기관으로 지정된 곳은 스웨덴 과학아카데미(Svenska Vetenskapsakademien)이다. 정식으로는 왕립 스웨덴 과학아카데미(Kungliga Svenska Vetenskapsakade-mien)이다. 이 아카데미는 실로 오랜 역사를 지닌 학술 기관으로, '유익한 여러 과학의 추진'을 목적으로 1737년에 창립되었다. 1818년 화학자인 베르첼리우스(J. J. Berzelius)가 제7대 회장으로 취임한 이후, 실용과학보다는 기초과학에 비중을 둔 명실상부한 북구의 으뜸가는 아카데미가 되었다. 이 기관은 민간으로부터 뿐만이 아니라 정부로부터 원조를 받고 있지만 물론 비정부기관이다. 오랫동안 스웨덴에서 학술 활동의 중심적 기능을 맡아 왔고 높은 권위를 자랑하여 왔으므로 노벨이 상을 수여하는 기관의 하나로 이를 지정한 것은 당연한 판단이었다. 본부 건물은 스톡홀름 교외에 자리 잡고 있고 작지만 위풍당당한 모습이다. 그 부속 기관은 국내 각지에 있고 일부는 국 외에도 있다.

아카데미는 회원 중에서 호선으로 1명의 회장과 3명의 부회장, 그리고 1명의 사무국장을 선출한다. 아카데미의 활동은 12분과로 나뉘어 '분과'별로 시행하고 있다. 수학(12명), 천문학(14명), 물리학(29명), 화학(25명), 광물학·지질학(15명), 식물학(23명), 동물학(29명), 의학(35명), 공학(23명), 경제학·통계학·사회과학(21명), 지구물리학(13명), 기타 여러 분야(28명)이다. 괄호 안의 숫자는 최근 스웨덴 국적의 회원 수이고 총 267명으로 되어 있다. 이외에 약 135명의 외국인 회원은 노벨상 후보자의 추천권을 받고 있지만 선출에는 직접 참여하지 않는다. 회원의 정년은 65세이다.

이 12분과 안에 물리학과 화학의 분과가 있다. 이 두 분과가 각기 물리학상과 화학상을 뽑는 노벨위원회를 선출하는 역할을 한다(왕립 과학아카데미에 의한 재단의 상의 수여에 관한 여러 특별 규칙 규정' 제2조, 이하 '규정'이라 약한다). 노벨상 선출의 순서를 보면 5명의 노벨위원회 회원 명단이 제3분과(물리학)와 제4분과(화학)의 결정을 거쳐서 11월 말까지 아카데미 총회에 제출된다('규정' 제3조). 각 위원회로부터 1명의 위원을 의장으로 뽑지만 이 결정은 매년 아카데미가 시행한다('규정' 제4조).

12분과 중 경제학 등 사회과학을 담당하는 제10분과를 포함하여 대개 세 분과만이 직접 노벨상 선출에 관여한다. 그 때문에 초기에 아카데미 총회에서 여러 가지 불미스러운 일이 발생했다. 특히 인접 분과인 제2분과(천문학)와 제5분과(광물학·지질학), 그리고 제11분과(지구물리학)는 스웨덴 자연과학계에서 전통적으로 세력 있는 분야였으므로 노벨상 선발에 대해서 영향력을 행사하려는 경향이 있었다. 그러나 최근에는 그와 같은 경향이 사라지고 담당 분과의 선발이 신뢰받고 있으며, 최종 선발에 즈음해서 아카데미에서의 격렬한 싸움 같은 것도 매우 드물다.

물리학상과 화학상의 결정은 다음과 같은 순서를 밟는다. 우선 '규정' 제1조의 자격에 적합한 전문가에게 추천 의뢰장을 매년 9월에 발송한다. 그 수는 많을 경우에 1,500명, 적으면 1,000명 정도이다. '규정' 제1조 5항에 의하면 적어도 6개 대학의 물리학 또는 화학 강좌의 책임자에게 추천을 의뢰한다. 그러나 지금은 세계의 50~60개 정도의 대학 관련 학부에

286

추천 의뢰장이 송달된다.

추천된 후보자 수는 해마다 다르지만 물리학상과 화학상의 경우, 대개 250명 정도의 이름이 오른다. 마감일인 1월 31일 직후 노벨위원회는 독자적인 판단으로 몇몇 후보자의 이름을 추가하고, 최종적인 후보자 명단을 작성한다. 이를 바탕으로 노벨위원회에서 후보자 선발에 착수한다. 4월쯤 해서 한 번 정도 당해 분과의 의견을 듣는다. 5월 무렵에는 8~10명 정도로 압축된다. 여기서부터 신중하고 전문적인 조사가 시작된다. 노벨위원회는 신뢰할 수 있는 국내외의 전문가에게 극비로 자문을 받으면서 그 수를 줄여나간다. 노벨위원회의 확정은 9월 초쯤이다. 회원 전원 일치로 결정한다. 물리학상과 화학상의 경우, 선발은 3단계 방식으로 이루어지는 것이 보통이다. 우선 노벨위원회에서, 그다음으로 당해 분과에서, 마지막으로 아카데미총회에서 비밀 투표로 결정한다.

선발 위원들의 사례비는 아카데미가 결정한다('규정' 제9조). 대개 연액 4,000달러 정도가 지불되고 금 또는 은메달이 기념으로 주어진다. 이 위원은 대단한 명예로서 이것을 사례비로 생각하는 사람은 아무도 없다. 그외에 노벨위원회의 위원은 선발에 관련된 해외 출장이 많고 그 비용은 아카데미에서 지불한다.

노벨 생리의학상

노벨 생리의학상은 카로링스카연구소(Karolinska Institutet)에서 결정한다. 이 연구소는 교수와 학생이 있으므로 사실상 의과대학이다. 그럼에도 불구하고 연구소라 부른다. 여기에는 역사적인 이유가 있다.

스웨덴 최후의 전쟁인 1808~1819년의 핀란드전쟁에서 스웨덴군은 러시아군에 격파되어 무력함이 노출되었다. 특히 그 당시 육군 군의의 기술 수준이 열악했던 점을 반성하여 1810년에 육군 외과의를 육성하기 위한 교육 기관을 설립하기에 이르렀다. 이때 창립된 무명의 '연구소'가 카로링스카연구소의 모체이다. 이때 창설에 큰 공헌을 한 사람이 당시 세계적인 화학자 베르첼리우스였으므로 사람들은 처음에 '베르첼리우스연구소'라 불렀다. 이 연구소에 '카로링스카'라는 표현이 붙은 것은 1817년 무렵이었다.

매우 뛰어난 연구소로 고도의 교육 기능을 갖추었는데도 불구하고, 스웨덴 정부는 의학 관계의 학위 수여의 권한을 음살라대학과 룬드대학만 인정했다. 카로링스카연구소는 대학 관계자로부터 여간해서 권위를 인정받지 못했다. 1861년이 되어서야 드디어 정부는 카로링스카연구소에 대학과 동등한 지위를 주고, 학위 수여의 권한도 인정했다. 단 박사학위의 수여는 인정하지 않다가 1906년에 이르러서 인정했다. 이처럼 복잡한 과정에서 카로링스카연구소 관계자는 '연구소'라는 표현을 자랑삼았기 때문에 그 명칭이 그대로 쓰이고 있다.

카로링스카연구소는 의학부와 치과학부로 되어 있고 그 밑에 140학과가 있다. 정교수만 150명, 기타 연구자를 포함하여 700명을 헤아린다. 총 학생 수는 학부 수준에 3,000명, 대학원 수준에 800명이 등록하고 있다. 지금은 스웨덴 최대의 의학 교육 전당으로 인정받고 있다. 노벨이 유언을 남긴 1895년 당시 카로링스카연구소는 이미 스웨덴에서 매우 신뢰받는 의학 연구의 거점이었다. 따라서 노벨의 유언 가운데에는 "일부는 생리학 혹은 의학의 영역에서 더욱더 중요한 발견을 한 사람에게", "생리의학상은 스톡홀름의 카로링스카연구소가 수여하지 않으면 안 된다."라고 쓰여 있는 것은 매우 당연한 일이다.

　노벨이 '생리의학상'을 설치한 이유는 잘 알려져 있다. 카로링스카연구소에 당시 생리학자인 요한슨이라는 연구자가 있었다. 이 사람은 젊은 시절에 노벨연구소의 실험 조교로 있었으므로 평생 노벨과 친교가 있었고, 노벨이 유언을 남길 때도 '생리학 혹은 의학의 영역'(fysiologiens eller medicinensdomän)으로 생리학을 앞에 놓아 표현했다. 생리의학상을 받은 스웨덴 사람은 모두 7명이다. 그중 카로링스카연구소의 교수가 5명을 차지하고 있다.

　카로링스카연구소의 본부 구내에 있는 건물 2층에는 노벨위원회 관계자가 집무하고 있는 방이 있다. 핵심 부서는 '카로링스카연구소 노벨위원회'이다. '카로링스카연구소 노벨회의규정'이 생리의학상 운영의 모든 것을 다스리는 법률적 근거이다. 모두 21개 조항으로 되어 있다. 이 규정은 머리말에 노벨회의에 관한 상세한 규정이 있다. 이에 의하면 회원은 50명으로 결원이 생길 때마다 매년 11월에 보충한다. 회원이 될 자격자는 카로링스카연구소 의학부에 소속하는 현직 교수에 한한다(제2조). 회의는 의장, 부의 장, 사무국장 등 각기 1명씩 둔다.

선발 과정은 우선 노벨회의가 노벨 생리의학상의 선발 실무를 노벨위원회에 위임한다(제9조). 노벨위원회는 5명의 위원으로 구성되고 1명의 사무국장을 둔다. 위원은 반드시 노벨회의의 의원 안에서 선출한다. 노벨위원회 위원의 임기는 3년으로 최고 두 번까지 역임할 수 있다. 사무국장은 1기 3년, 최고 4기까지이다. 이처럼 사무국장의 임기가 안정된 것은 최근의 일이다.

생리의학상의 특징은 노벨위원회의 5명의 위원 이외에 노벨위원회의 추천으로 노벨회의로부터 다시 10명의 '전문 영역에 특히 적절한' 위원을 뽑고, 노벨상의 선발 과정에 관여한다(제10조). 이 전문위원의 임기는 3월 1일부터 10월 31일까지로 정해져 있다.

노벨위원회는 매년 9월, 늦을 때는 10월에 다음 해의 수상 후보자에 관한 추천 의뢰장을 보낸다. 발송 수는 2,000에서 많을 때는 2,500이다. 발송지는 각국의 의학자이지만 추천 자격은 '규정' 제11조에 엄격하게 규정되어 있다.

개인과 연구 기관, 그리고 일류 대학 의과대학의 추천으로 대개 250명의 후보가 떠오른다. 노벨상 수상자는 자동적으로 추천권이 주어지지만 대개는 추천의 노고를 빌리지 않는다. 사무국장은 추천권을 가지고 있으며, 만일 추천할 만한 사람 중에서 추천되지 않았을 때 추천권을 행사한다. 이를 바탕으로 2월 초부터 선발의 제2단계로 접어든다. 노벨회의의 회원이 그때 발언권을 갖는다. 노벨회의는 매년 5월까지 노벨위원회로부터 그 해의 추천 상황에 관해서 보고를 받고, 추천자 명단에 관한 주문을 붙일 수 있다(제12조). 특정한 사람이 복수 추천을 받았을 때는 그 사람이 당연히 중요시된다.

250명이 100명으로 줄고 실질적인 심사로 들어간다. 세 단계로 신중한 심사가 시작된다. 1) 예비 심사로 이 과정에서 50명~70명으로 줄어든다. 2) 보통 심사(조사 결과는 2~3쪽 정도로 마무리된다)로 여기서 약 30명으로 줄어든다. 3) 철저 심사(심사 결과는 논문 정도의 보고서가 된다)로 이 심사는 진짜 철저하다. 이 세 단계의 심사는 수개월을 요하고, 그 사이에 10명의 전문위원이 시종 조언하는 것은 말할 것도 없으며, 스웨덴 내외의 전문가에게 '스페셜리스트'로서 의견을 요구하는 일도 적지 않다. 그러나 스웨덴 전문가 쪽이 임무에 익숙하므로 될 수 있는 한 스웨덴에서 의견을 구하는 경향이 강하다. 드디어 100명이 10명 이하로 줄어든다.

9월 어느 날, 그 후보자들을 놓고 노벨위원회의 6명이 극비로 토론을 시작한다. 카로링스카연구소 2층 안쪽에 노벨위원회의 회의실이 있다. 토론 결과 최종적으로 후보가 결정되면 10월 중순에 노벨회의의 총회를 소집하고 거기서 정식으로 결정한다. 그때 노벨위원회의 위원장은 수상 예정자에 관한 최종 추천문을 제출한다. 단 노벨회의는 단순한 형식적인 사후 추인의 광장이 아니고, 역시 일류 전문가의 집합 장소이므로 대단히 실질적인 토의가 이루어지지만, 여기서 판정이 뒤집힐 가능성도 없지 않다. 특히 초기에는 노벨회의의 발언권이 매우 강해서 노벨위원회의 결정이 번복되는 일이 흔히 발생했다. 노벨회의로부터 결정을 통보받고 기자 회견이 있은 다음에 수상자가 정식으로 발표된다.

노벨상의 권위

이 같은 노벨의 정신을 담은 다섯 분야의 노벨상은 1901년부터 수상되었다. 노벨상은 순식간에 권위 있는 상으로서 국제적으로 인정받았다. 세계 학계가 인정하는 데는 5~6년이 걸렸다. 1906년과 1907년 무렵부터 노벨상의 권위는 결정적이었다. 노벨상이 권위 있는 상이 된 것에 관해서는 흔히 4가지 이유를 들고 있다.

첫째, 상금액이 1901년 당시로써는 파격적이었다는 점이다. 첫해의 상금액은 15만 크로네였는데, 이것은 당시 대학교수의 급여와 비교해 보면, 연 수입의 약 25배에 상당하는 금액이었다. 당시에 상금이 붙은 학술상으로는 '럼퍼드 메달'(Rumford Medal) 등이 있었는데, 이 노벨상의 상금액과 비교해 보면 1/70에 상당한 것이었다. 따라서 세계적으로 화제가 된 것은 당연했다.

둘째, 노벨상이 세계 최초의 국제상으로서 발족한 점이다. 이미 기술한 바와 같이 유언에 '후보자의 국적은 일체 고려하지 않으며, 스칸디나비아 사람이든 아니든' 하는 노벨상에 대한 국제적 성격이 명시되어 있다는 점이다. 그리고 첫해부터 유럽 여러 국가와 미국의 학자, 지식인에게 후보자의 추천을 넓게 의뢰했다. 이것은 당시로써는 획기적인 일이었다. 국제적으로 널리 후보자 추천을 요구하는, 선발 수속까지 국제화한 방법 자체가 당시 학계의 상식으로 보면 매우 신선한 비약이었다. 당시 이미 영국이나 프랑스에 학술상이 있었지만 각각 자기 나라의 연구자에게 수여하는 상이었다. 그러므로 학술상은 국내적으로 처리되는 인식이 일반적이었다.

셋째, 선발 과정의 시스템이 획기적인 형태로 구상되어 있다는 점이다. 선발은 전문위원이 엄격하게 선정하고, 사무직원까지 합쳐서 200명이 1년 동안 노벨상의 운영에 종사한다. 왕립 과학아카데미를 위시해서 권위 있는 특정 연구 기관이 그 공식 업무의 중심에 서서 노벨상을 선발하고 있다. 그래서 과거 88년간 거의 과오 없이 선발해 온 실적이 선발의 신뢰성을 결정적으로 높여 놓았다.

넷째, 노벨상이 중립을 지키는 북구의 작은 나라에서 시작됐다는 점이다. 노벨재단 전무이사 스팅 라멜 남작의 「알프레드 노벨과 스웨덴의 선물」(Alfred Nobel och haus gave Suerige)이라는 논문에서, 그는 이러한 상이 거대 국가에서 치러졌다면, 2회에 걸친 세계대전으로 계속되었을지 의문이라고 지적하고, 스웨덴이 노벨상을 매개로 세계 최고의 뉴스가 되는 것은 좋은 일이라고 기술하고 있다. 또한 그는 "우리처럼 작은 국가는 수여 기관으로서 이상적인 무대이다. 노벨상 더하기 스웨덴, 노르웨이라는 짜임새는 절묘하고, 과거 80년 동안 노벨상의 세계적 명성을 지지해 왔다. 이러한 입장이 미래에도 변하지 않고 점점 깊어지기를 바랄 뿐이다."라고 기술했다.

노벨재단

노벨재단은 노벨이 남긴 유언으로 활동하는 점에서 철저한 법치주의의 정신을 특징으로 하고 있다. '노벨재단 규약'(1900년 6월 29일 제정, 1974년 12월 1일 자로 개정, 그 후 적어도 3번 개정을 함)은 노벨재단의 헌법이다. 전문 22조로 되어 있고, 특히 제1조는 노벨의 유언의 핵심 부분을 수록하고 있다. 즉 머리말의 역할을 하고 있다. 어쨌든 노벨재단의 모든 활동이 이 '재단 규약'에 나타나 있다.

제2조는 노벨 유언의 애매한 말을 정확하게 해석해 주는 조항이다. 유언 중 '스톡홀름아카데미'가 '스웨덴아카데미'를 의미하는 것이라는 규정이 여기에 있다. 제3조부터 제13조까지는 노벨상의 선발 및 수여에 관한 규정이다. 노벨상 선발에 결정적인 역할을 하는 '노벨위원회'의 설치는 제6조까지로 되어 있다. 제11조와 제12조에서 '노벨 협회'(Nobeleinstituteten)의 설정이 정해져 있다. 여기서 말하는 '인스티튜트'는 연구소와 의미가 아니라, 노벨재단의 취지를 촉진하는 여러 활동을 하는 기관으로서 여기서는 '협회'라 불러도 좋다. 이 협회를 잘 활용하고 있는 것이 문학상과 평화상으로, 특히 도서실의 운영 관리를 협회의 업무로 하고 있다. '재단 규약'의 제14조 이하는 재단의 기구에 관한 조항이다.

노벨재단의 최고 의결 기관은 이사회이다(제14조). 이사는 스웨덴 시민권을 가진 5명으로서(단 1985년도부터 노르웨이 시민을 인정했다) 각 아카데미의 평의원에 의해서 선출된다. 5명의 이사 이외에 이사장과 부이사장이 각각 1명 선출되지만, 이 두 사람은 스웨덴 정부가 임명한다. 정부가 관여하는 지위는 재단의 모든 자리 중 이 두 사람과 한 사람의 감사역만이다. 이사의 임기는 2년으로 재임할 수 있다. 이사회는 1년에 6~7회 열린다. 이

사회 의장은 이사장이 정한다. 또 이사회는 이사 중에서 한 명의 전무이사를 선출한다.

이사회의 주된 임무(제15조)는 재단 기금과 재단의 관리 운용이다. 동시에 노벨상 상금을 포함하여 상의 선발 및 수여식에 필요한 일체의 비용 및 각 아카데미의 노벨위원의 운영 비용 등을 지출하는 것도 이사회의 임무이다. 덧붙여 상의 선발을 맡고 있는 각 노벨위원회의 자주성을 지키는 배려도 여러 방법으로 시행한다. 단지 노벨재단 및 재단이사회는 각 노벨상의 선발에는 일체 관여하지 않는다. 또 노벨재단의 자금 운용을 돕기 위해 1960년 이래, 부이사장은 금융계 혹은 행정계로부터 덕망 있는 사람을 선임하는 관행이 정착했다.

노벨재단에는 평의회의가 있고(제16조), 노르웨이 노벨위원회를 포함한 각 아카데미로부터 선출된 15명 평의원으로 구성한다(이 15명 이외에 평의원 대리 10명이 선출되어 있으나 정평의원 결석 때 대행하는 것이 그 임무이다). 그 외에 노벨재단에는 법률 고문이 계약 베이스로 위치하고 있다. 재단은 현재 스톡홀름, 로마, 파리, 워싱턴에 있는 4개의 법률사무소와 고문 계약을 하고 있다.

노벨재단에는 그 업무를 감시하는 감사역이 있다(제17조). 규정에 의하면 그 수는 6명이다. 그중의 한 사람은 정부가 임명한다. 이 위원은 감사위원회의 의장을 보좌한다. 나머지 5명은 각 담당 아카데미가 4명, 평의회가 1명을 각각 선임한다. 노벨재단의 감사 보고는 스웨덴의 정부 공보에 기재해야 한다.

거대과학 시대의 노벨상

물리학이든 화학이든 미개척 분야가 지금도 많이 남아 있다. 학문이 진보하면 할수록 미지의 영역이 넓어지는 것은 학문 연구의 숙명이다. 노벨상은 이후에도 착실하게 그의 미지의 분야를 둘러싼 지적 모색을 격렬하게 자극할 것이다.

1984년 소립자(위크 보손)의 발견으로 루비아(C. Rubbia)와 반 데르 메르(S. Van der Meer)에게 물리학상이 안겨졌다. 루비아가 속해 있는 유럽합동원자핵연구(CERN)는 거액의 예산을 투자하여 지하에 원형가속기를 설치하고, 그곳에서 양자와 반양자의 충돌을 되풀이하여, 결국 '위크 보손'의 발견에 성공했다.

이 수상은 여러 가지 의미에서 물리학 세계의 가까운 미래를 잘 보여주었다. 첫째, 거대한 원형가속기의 설치로 새로운 소립자를 발견하려는 움직임이 지금 세계 각지에서 붐을 일으키고 있으며, 둘째, 이러한 거대 연구는 좁은 실험실에서 연구하는 고독한 연구자의 이미지를 벗어났다. 이제는 넓은 공간에서 많은 사람이 공동 작업을 해야 한다는 인식이 팽배해졌다. 노벨위원회는 이 해의 선발에서 루비아의 연구 그룹 연구원 37명으로부터 선발을 시작했고, 두 사람으로 압축했다. 셋째, 소립자론은 중성자, 양성자, 전자 혹은 광자라는 시대를 지나 새로운 이론 구성이 요구되는 새로운 시대를 상징하고 있다.

이 과정에서 주목할 것은 거대 연구로 노벨상 공동 수상의 형태가 두드러지게 나타난다는 점이다. 노벨상의 수상은 동시에 두 분야, 그리고 최고 세 사람까지 할 수 있다(재단 규약 제14조). 최근 같은 분야에서 거의 같은 수준의 업적을 올린 과학자가 늘어남으로 하는 수 없이 3인 수상의 경우가 늘어나고 있다.

참고문헌

과학사회학의 참고문헌을 한자리에 정리하는 일은 매우 까다롭다. 그것은 과학사회학의 연구 대상이 다양하고 넓기 때문이다. 그러나 다행히 본문 중 「미국 과학사회학 연구 현황」과 본문 여러 곳에 과학의 사회학적 연구에 관한 참고문헌들이 흩어져 소개되어 있다. 그러므로 여기서는 가장 기초적이고 손쉽게 접할 수 있는 것들만 간단하게 정리해 보았다.

1. Barber, B., *Science and Social Order*, London, 1952.

2. Bates, R. S., *Scientific Society in the United State*, Columbia U. P., 1958.

3. Ben-David, J., *The Scientist's Role in Society*, Englewood Cliffs, N. Y., 1971.

4. Berman, M., *Social Change and Scientific Organization*, Royal Institution, 1799~1844, Cornell U. P., 1978.

5. Bernal, J. D., *Science in History*, London, 1954.

6. _____, *Social Function of Science*, Cambridge, 1939.

7. Brannigan, A., *The Social Basis of Scientific Discoveries*, Cambridge U. P., 1974.

8. Bukharin, N. I., et. al., *Science at the Crossroads*, London, 1931.

9. Cardwell D. S. L., *The Organization of Science in England*, Heinemann, 1972.

10. De Gre Gerard, *Science as Social Institution*, New York, 1965.

11. Downey, K. J., *The Scientific Community*, Sociological Quartery 10(1969), pp.438~458.

12. Evert, M. ed., *Social Studies of Science*, London Berkerly Hills, 1978.

13. Farage, P., *Science and the Media*, Oxford U. P., 1975.

14. Finch, J. K., *A History of the School of Engineering*, Columbia U. P., 1954.

15. Fountainer, P., trans, *The History of the French Academy*, London, 1957.

16. Hagstrom, W. O., *The Scientific Community*, New York, 1965.

17. Kuhn, T. S., *The Structure of Scientific Revolution*, Chicago U. P., 1970.

18. Merton, R. K., *The Sociology of Science*, Chicago, 1973.

19. Merton, R. K. & Gaston, J., *Sociology of Science in Europe.*, Columbia U. P., 1979.

20. Mess, C. E. K. & Leemankers, J. A., *The Organization of Industrial Scientific Research*, McGraw Hills, 1950.

21. Middleton, W. E. K., *The Experiment: A Study of the Academia del Cimento*, John Hopkins U. P., 1971.

22. Parver, M., *The Royal Society: Concept and Creation*, MIT U. P., 1967.

23. Price, J. D. de Solla, *Little Science, Big Science*, New York, 1963.

24. Raistrick, A., *Quakers in Science and Industry*, London, 1950.

25. Ravetz, J. R., *Scientific Knowledge and its Social Problem*, London, 1971.

26. Smith, A. G. R., *Science and Society in 16th & 17th Centuries*, Thom as and Hudson, 1972.

27. Storer, N. W., *The Social System of Science*, New York, 1966.

28. Town, T., *Science, Technology and Modem Society*, London Beverly Hills, 1977.

29. Ward, J., *The Liver of the Gresham Professors*, London, 1940.

30. _____, *An Introduction to the Science Studies*, Cambridge U. P., 1984.

31. Ziman, J., *The Force of Knowledge*, London, 1976.(오진곤 역, 과학사회학, 정음사, 1983.)

32. Zuckerman, H., *Scientific Elite*, New York, 1977.

33. 廣重 撤,『科學の.社会史』, 中央公論社, 1973

34. 中山 茂,『科學と社会の現代史』, 岩波, 1981

35. 伊東俊太郎 外 1人,『社会から読む科學史』, 培風館, 1988

36. 成定熏 外 2人,『制度としての科學』, 木澤社, 1989

37. 新堀通也 編著,『學問の社會學』, 有信堂, 1980

38. 오진곤 편저,『과학과 사회』, 전파과학사, 1993